国家林业局职业教育"十三五"规划教材

森林康养实务

雷巍娥　主编

中国林业出版社

图书在版编目(CIP)数据

森林康养实务/雷巍娥主编. —北京：中国林业出版社，2018.2(2021.9重印)
国家林业局职业教育"十三五"规划教材
ISBN 978-7-5038-8676-8

Ⅰ.①森… Ⅱ.①雷… Ⅲ.①森林生态系统－关系－健康－
职业教育－教材 Ⅳ.①S718.55 ②R161
中国版本图书馆 CIP 数据核字(2017)第 319083 号

国家林业和草原局生态文明教材及林业高校教材建设项目

中国林业出版社·教育出版分社
策划编辑：吴 卉 肖基浒
责任编辑：肖基浒 高兴荣
电话：(010)83143611 (010)83143561

出版发行 中国林业出版社(100009 北京市西城区德内大街刘海胡同7号)
电话：(010)83143500
经 销 新华书店
印 刷 河北京平诚乾印刷有限公司
版 次 2018 年 2 月第 1 版
印 次 2021 年 9 月第 7 次印刷
开 本 787mm×1092mm 1/16
印 张 14.75
字 数 250 千字
定 价 35.00 元

《森林康养实务》
编写人员

主　编　雷巍娥

副主编　何凤英　赵其辉　蒋祁桂

编写人员（按姓氏笔画排序）

李建铁　江　岚　何凤英　杨　娜

陈　磊　陈远辉　张自珍　罗春艳

赵其辉　姜小文　袁迎春　蒋祁桂

雷巍娥　褚梅林

前　言

　　国外的研究结果和实践均已充分证明，森林康养将成为未来国际社会发展的主要方向和动力，是目前乃至今后相当长一段时期林业发展的最高境界。大力发展森林康养产业已经成为现实需求。所以，加强森林康养从业人员的技能培训势在必行。为森林康养产业培养、培训高素质技能型从业人员，湖南环境生物职业技术学院作为"医林"结合紧密的高校，具有强烈的使命感，时代感与紧迫感。

　　为了尽快给森林康养产业的发展提供人才支持，湖南环境生物职业技术学院在国家林业局与湖南省林业厅的总规划下，在院长左家哺教授的倡议与指导下，成立了森林康养课程开发团队，于2016年10月出版了《森林康养概论》，现编著的《森林康养实务》为《森林康养概论》的实训配套教材。

　　该教材是课程开发团队成员在查阅海量国内外有关资料和对国内知名森林康养基地实地考察的前提下，加深对森林康养、森林康养产业理解基础上编写的。从森林康养产业发展与服务对象需求的维度出发，以培养具有能解决实际问题，能提供高质量的森林康养基地从业人员为出发点与落脚点，研制实务课程构架，拟定编写大纲，先后多次召开研讨会，调整与完善编写大纲，大纲得到林学与医学专家的认同与首肯。本教材具有以下四个方面的特点：第一，系统性强。全书分为森林康养基地认知、森林康养产品设计与健康管理、森林养生实践、森林康养心理辅导、森林康养野外安全问题应急处理、森林康养礼仪与推介6个单元、26个技能模块，内容上循序渐进，涵盖了与森林康养产业的从业人员工作相关的基本技能。第二，技术性强。各模块内容力求简单，图文并茂，将医学、养生学、林学、生态学、心理学等学科的深奥技术简易化，达到易学、易懂、易掌握。第三，实践性强。该教材重点突出森林康养的实用性、实操性，课程的各模块大多可在森林康养基地开设实操课或见习课，为培养技能型、实用型森林康养产业从业人员提供了参考范本。第四，可操作性强。本培训教材采用分模块进行教学，可针对不同的学员对象选择或强化教学内容。

本教材在编写过程中广泛参考并借鉴了国内外从事林学、医学、养生学、心理学、旅游学等学界前辈和同仁的研究论著及资料，也汲取了同仁们的研究成果。特别值得一提的是编写该教材得到了国家林业局对外合作项目中心副主任、中国林业经济学会森林疗养国际合作专业委员会主任委员刘立军先生，湖南省林业厅巡视员柏方敏高级工程师等领导、专家的大力支持与悉心指导。在此，特作说明并表示最诚挚的谢意！

在撰写的过程中，尽管我们本着严谨的态度，但由于森林康养是一个新兴业态，编者的学识与实践经验不足，书中存在诸多不尽人意之处与有待商榷的问题，期盼诸位专家、学者、读者批评赐教！

编　者

2017 年 11 月

目 录

单元一

森林康养基地认知

　　森林康养基地是开展森林康养活动的基本场所。截止到 2017 年 6 月底，中国林业产业联合会分两批公布了全国森林康养基地试点建设单位 135 家，入围的试点单位均具备"生态环境优良、森林资源质量好、森林康养发展思路清晰，具有较好经营能力和康养条件"等特点。试点单位已实施森林康养基地建设规划或已经开展了不同形式、不同内容的森林康养基地建设，但目前国内对于森林康养基地建设尚没有明确标准，更谈不上认证机制，因此，本单元从借鉴国外情况入手，结合我国实践对森林康养基地进行简单介绍，让读者对基地有一个基本认知。

一、森林康养基地功能

森林康养是指将优质的森林资源与现代医学和中医等传统医学有机结合，能针对不同的人群完成森林休闲、体验、预防、保健、康复、治疗、养生等有益身心健康的系列(或单一)项目，通过对人体"五感(视觉、触觉、听觉、嗅觉、味觉)""体验于外，感受于内"，从而达到"五养(养眼、养心、养身、养性、养德)"的效果。

二、森林康养基地选址

森林康养基地往往与康养项目、森林资源情况、地方特色资源利用等紧密结合。借鉴德国、瑞典、日本、韩国和我国台湾的先进经验，按照"6 + 1"理论探讨森林康养基地的选址，即综合六个维度：温度、湿度、高度、优产度、洁净度、绿化度 + 配套度选择基地。相关指标如下：

1. 森林资源

基地具备集中连片森林面积在 334hm² 以上，其森林覆盖率不低于 70%，林分结构、树种结构、林龄结构完整，以健康状况、景观效果良好的天然林为佳。在开展森林康养的具体项目区域以经过近自然改造的森林最佳；树种以中龄林以上的松、桧、榉、栎、柏等功能性树种组成的单层混交林为佳，面积不少于 20hm²；单株树木或林分平均高在 6m 以上，平均枝下高在 3m 以上，郁闭度为 0.7 左右、通视距离为 50 ~ 100m，蚊蝇等虫口密度低、林地卫生好；原则上日均负氧离子含量为 1000 个/cm³ 以上，能形成舒适的独特森林小气候，PM2.5 平均浓度 24h 小于 25μg/m³，空气细菌含量不低于 200 个/m³；具备有多种能释放对人体有益植物精气的芳香类植物或成片分布的植物群落。

2. 周边环境

森林康养基地要求周围具备良好的环境，一般要求离矿山、机场、工业区等地的距离在 5km 以上；离植物检疫有害生物发生区、动物疫源疾病区和放射性污染源等地的直线距离在 5km 以上；离交通主干道或城市喧闹区等地域的距离在 1km 以上。另外，城市公园都市气息过浓开展森林康养的效果远不如近、远郊的近自然森林。

当地气候条件能提供舒适康养期年均 150 天以上，在舒适康养期内平均气温在 16 ~ 28℃之间，空气相对湿度达 40% ~ 85%；康养区视野范围内地表无黑臭或其他异色异味水体，地表水和地下水质量应达到国标 II 类以上标准；空气环境、声环境、土壤环境等符合国家相关标准。

3. 交通条件

要求距省城高速公路 300km 以内，距地级市 100km 以内，距离中心城市或机场 2h 车程以内。基地入口有主要公共交通工具站点，或基地可提供接驳服务。

4. 其他条件

森林资源有明晰产权，区域内民众有较强的参与意愿，政府有相应的支持政策和清晰的产业导向，经营主体或参与企业有良好的资金支撑和创新的运营模式，上述要求同样是建立森林康养基地必不可少的条件。

三、森林康养基地分区

目前我国试点的森林康养基地基本上是原来的林场、森林公园、植物园、郊区森林等，并无严格意义上的基地概念，因此在功能分区上并不完善，但从实用的角度出发，以森林资源为基础，从而形成的良好森林环境为依托，实现康养功能与森林其他功能相协调，力求做到接待与服务结合、科普与教育结合、休闲与体验结合、检测与康养结合、动与静结合、远与近结合、难与易结合。

参照先进国家森林康养基地建设的成熟经验，结合我国国情，长沙一诺旅游规划设计有限责任公司认为森林康养基地大致由中心核心区(森林公园山水林区；通常属于政府禁建区)、外围缓冲区(都市和基地之间的隔离区；通常也属于政府禁建区)、旅游区(健康文化旅游体验景区)、医院(健康疗养区)、酒店商贸配套区(新增建筑区)、森林康养区、农林园艺场(有机农产品和花卉林木供应基地)六大功能单元共同构成。

因不同基地的森林资源、自然环境条件不同，分区会有差异。一般可借鉴公园的以功能为主分区思路，结合森林和康养的特殊性建议可分为个性化接待区、文化展示区、个性化检测区、一般康养区(如森林步道区、森林浴区或森林 SPA 区、森林冥想区、森林食疗区、森林瑜伽区或太极区)、特色康养区(如特色温泉浴区、特色垂钓区、特色药疗区、特色森林树屋、特色 DIY 体验区)、住宿区、基地管理区等；按照年龄或地域不同还可以增加森林幼儿园、野外拓展区(如攀岩、CS 等项目)、老人特色区等。不同森林康养基地分区有一定的差异，但基本分区应该是大同小异。

(一)综合服务区

该区通常包括接待区、管理区、住宿区等,该区一般规划在视野开阔、交通方便的地方。接待区主要用于接待,也具有基地形象展示功能,是康养者报到、注册、登记的地方,要有宾至如归的亲切感,给人以放松的感觉。通常基地管理区、住宿区与该区临近,因此功能相对较多,包括交通、信息、卫生、安保、住宿、餐饮等。该区规模要求应与需求(如一次接待人数50人以上)相适应,除相应功能的建筑外,还应考虑环境的绿化、美化、亮化,考虑辅助功能的协调、完整、配套等,如行礼搬运、存取的便捷性和安全性、车辆停放、油料补充、维修养护的方便性和配套等。住宿区应满足康养者留宿需要,要求环境安静、空间私密,房间宜分为有无电视、网络两个类型,空间分布上以少量集中和分散集中为主,尽量减少集中度高的宾馆式房间,满足不同人群需要,在条件许可的前提下可以与特色森林树屋等有机结合。房间装修和日用品均要求适当提高舒适性,以有一定芳香挥发物的竹材、木材等天然材料为主,以暖色调为主,减少房间内颜色种类和跳跃程度,给体验者创造一种亲近自然、平和心态的环境。餐饮区要充分利用森林素材,包括森林食材和森林环境,在条件具备的地方可以与特色药膳、手工作业疗法等有机结合。基地管理区要综合考虑整个基地的情况,以管理、协调、服务为优质高效为宗旨,如湖南宁乡青羊湖森林康养接待区(图1-1)、分散林森林住宿(图1-2)、生态森林餐厅(图1-3)。

图1-1 湖南宁乡青羊湖森林康养接待区

图 1-2　分散林森林住宿

图 1-3　生态森林餐厅

(二)展示区

展示区一般与接待区相邻或相近，便于向康养体验群体展示森林生态文明、林业文化、康养理念、发展成果、基地构成、特色项目等。

该区一般可根据实践情况确定构成板块，如具备多功能宣教室、生态影视厅、森林演艺吧、主题体验馆（园、厅）、文化长廊等多种元素，借助现代多技术融合向体验康养群体展示健康向上的康养理念、康养知识、基地介绍、森林知识、生态文化等，如八达岭森林体验中心（图1-4至图1-6）。

图1-4 八达岭森林体验展示区入口

图1-5 森林教室(宣教厅)

图1-6 森林演艺吧

(三)检测区

该区通常包括检测和康养菜单制定，检测是针对有一定康养需求的人群进行生理和心理相关参数测定，并根据检测结果制定个性化康养菜单。可根据检测内容的不同，设置相对应的生理检测室和心理咨询室(健康面谈室)；可根据检测的难易，设置可视化自助检测项目和专业人员辅助检测项目等。可视化自助式检测设备主要包括数字血压计、心率仪、血糖仪、唾液皮质醇测试设备等(图1-7至图1-9)，康养群体可自主检测对照康养前后的常规生理指标。专业人员辅助检测可根据需要设置，也可以与医疗服务机构联合，通过互联网+大数据、云服务等功能完成。心理咨询(健康面谈)地点要求有良好的私密性和舒适性(室内外均可)。可视化自助检测、专业辅助检测和心理咨询的相关结果和数据应直接传输至康养菜单定制中心和各功能区，便于菜单定制中心制定个性化康养菜单和各康养项目实施过程中因人而异；菜单定制中心可以与室内健康面谈室结合。

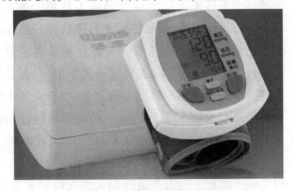

图1-7 自助检测仪器——数字血压计

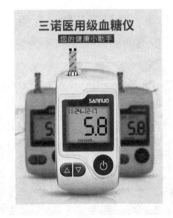

图1-8 自助检测仪器——血糖仪

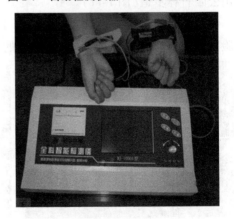

图1-9 自助检测仪器——自助检测

(四)森林步道

森林步道既是森林康养的主要设施，又是串接森林中最佳康养资源的纽带，至少应具备交通集散、森林布景、生态景观、空间分隔、安全保护、引导康养等功能，具有景观、文化、科教、体验、康养等价值。从不同角度出发森林步道可分为不同类型，如按型式可分为平地型、台阶型、爬梯型、栈桥型等；按材质可分为土质步道、木质步道、水泥步道、砖石步道等。

　　森林康养步道除遵循森林美学、园林美学、景观生态学、休闲经济学、旅游市场学等基本原理和原则外，需要综合考虑步道周边人体舒适度、空气PM2.5浓度、空气负氧离子含量、空气微生物浓度，合理串联多个主题康养产品，并合理避开山崖及地势较陡的坡地等一些危险区域。步道的长度应适中并且进行不同长度的合理搭配，一般长度在3km以内，宜设置包括无障碍通道、方便残疾人、小孩及老年人使用的短步道；3.1~5km适宜初次体验者；5.1~9km适宜运动量较大的体验者；9.1km以上的长距离森林徒步或结合定向越野或丛林穿越等。一般森林步道应较为平缓，一般控制在7°以内，特殊地形地势情况下最大坡度不大于15°，尽量少设置台阶，设计台阶时考虑人体力学因素，踏步高度不高于10~15cm，路面宽度不低于1.5m，若保证两台轮椅对行通过不低于1.8m。路面因地制宜选择软质铺装材料以简易铺装为主，最大限度减少对森林的破坏，形式宜丰富，质感宜多样，尽可能避免单一，如刨花、厚刨片、树皮、粉碎后的树枝、沙土等，软质铺装不少于50%，尽量减少水泥、砖石步道，如大兴安岭国家森林步道（图1-10），湖南衡东四方山公园竹林步道（图1-11）。

　　步道要有专人维护，及时清除小石子、落花、落果等杂物，方便光脚者体验。对于个别坡度较大或老年人使用的康养步道两侧以加装扶手为宜。

图1-10　大兴安岭国家森林步道　　　　图1-11　湖南衡东四方山公园竹林步道

（五）一般康养项目区

　　一般康养区的康养项目对场地均有一定的要求，如森林冥想（图1-12），森林 SPA(图 1-13)，森林瑜伽(图 1-14)、森林太极(图 1-15)等场所一般以实木平台为主，面积以满足 10 人同时使用为宜，在场所周边或附近应设置置物处，既方便体验者物品存放，又可存贮康养辅助设施(如瑜伽垫等)，最好结合置物处增加冷热饮水和冲洗设施，以满足体验者起身后及时补充水分和清洁需求。

图 1-12　森林冥想

图 1-13　森林 SPA

图 1-14　森林瑜伽

图 1-15　森林太极

(六)特色康养项目区

特色康养区必须突出当地资源和环境特色以吸引顾客，同时又要与养生、康复紧密结合，服务于特定的康养群体。如特色温泉浴区、特色垂钓区、特色药疗区、特色森林树屋、特色林间滑草(滑雪)、DIY 创意制作区、DIY 园艺体验区、森林幼儿园(森林儿童游乐场)、森林攀岩、定向越野、丛林穿越、真人 CS 等。不同的特色森林康养项目必须根据区域特点、项目特色、适宜人群等进行专业化设计与施工。本节以森林幼儿园、DIY 创意制作区、林间滑草场为例进行说明。

1. 森林幼儿园

儿童具有求知欲旺盛、好奇心强烈、精力充沛、渴望探索周边世界等特征，森林幼儿园是利用森林充足的自然要素，融合趣味性、参与性、多样性和知识性等为一体，启迪孩子热爱生命、融入自然和集体，在森林的自然怀抱中快乐成长的好场所，是促进儿童的发散性思维的好课堂，应该通过舒适的环境、配套的设施、完善的管理、鲜艳的色彩、有趣的活动来产生足够的吸引力，创造一个符合幼儿生理、心理特点的环境空间。

森林幼儿园应建设在日照充足、交通方便、场地平整、干燥、排水通畅、环境优美、基础设施完善的地段（图1-16）；森林幼儿园面积不宜过大，以1~4个班的小型为宜，但在总平面布置仍应包括建筑物、室外活动场地、绿化、道路布置等内容；儿童活动的场地出入口只能设在同一处，且活动场地周围的围栏隔离，设施材料的选择要确保安全，规格要与儿童身材相适应。不论室内室外，需要充分重视健康和安全问题，如不能出现危险的凸出物（如钉子、螺栓等）、锋利的边缘、挤压点、尖角、可能卡主儿童头和脚手指的开孔、缝隙等，以免儿童在活动时发生意外。具体要求按住建部《托儿所、幼儿园建筑设计规范》（JGJ 39—2016）行业标准执行。

森林幼儿园的室外活动场地可以与其他特色项目共用场地，如森林滑草场、DIY创新制作区、DIY园艺体验区等，但更要强调儿童的安全性；设置项目要注重儿童的生理、心理特点。如设置自然课堂，孩子们在自然课堂里可以认识自然、亲近自然、探索大自然的神奇和美妙！如观察蚂蚁筑巢过程、观察破茧成蝶的过程；在老师带领下饲养蚕宝宝、在老师指导下制作银杏叶书签等。

图1-16 森林幼儿园

2. DIY 创意制作区

DIY创意制作是作业疗法的一种，活动场地需要考虑主辅材料的易得性、制作的可能性等，场地既要考虑制作过程的互动性要求，如安排10人以上同时作业的较大空间，又要考虑体验者能独处思索、DIY 创作的个人空间。因此，在空间布局上要设置材料贮存室，工具房、产品展示室、大小配套制作室等。由于森林制作过程中多为易燃物品，创意制作室必须增加相应的灭火器等消防器材。项目设置可以多种多样，如树叶书签、根桩竹雕、插花盆景、年轮拓画、养生茶饮、滋补药膳、开心玩具等（图 1-17）。

图 1-17 DIY 创意制作

3. 林间滑草场

滑草是由冬季流行的滑雪运动延伸出来的，是借助工具在有一定倾斜度的草地滑行的运动（图 1-18）。自由滑的基本动作与滑雪基本相近，具有能在春夏秋季节体会滑雪乐趣的独特魅力，许多人乐此不疲，目前已逐渐发展成为一项世界性的环保娱乐活动。滑草项目已发展衍生出许多类型，如自由滑（又分为练习区、进阶区、挑战区等）、极限滑、天旋地转、草地热气球等。林间滑草场多利用林中空地因势利导开展不同的滑草项目，并不一定要将所有滑草有关的项目集中在一起，但不宜分隔太远，以便于设备的管理与借用。

滑草场地长度在 120~300m 不等，宽度以 30~80m 为佳，草地坡度因项目不同差异较大，一般场地的长度、宽度会根据坡度的大小和不同体验人群进行调整，既确保项目的新奇刺激，又以体验者安全为上。如衡东洣江滑草场的自由滑草区，滑道长 120m，坡度为 14°；极限滑草区，滑道长 135m，坡度约为 42°。草地悠波球的场地通常是在较为平坦又带有一定坡度的绿地，一般坡度在 30°左右。草坪宜选用质地粗糙、直立性强、有较耐磨性的草种为佳，如狗牙根、百日达等。

自由滑草设施包括履带式滑草鞋、胶式滑草鞋、滑杖、头盔、护具、轮式滑草车、履带式滑草加等；极限滑草设施相对复杂，需要专用滑道、滑车提升机、运车索道及配套设施、发射机、控制室、工具室等；天旋地转设备主要是大型充气悠波球和电动充气设备。辅助设施应包括更衣室、浴室、厕所、饮品部、门票室、医务室等。滑草场应安排专业教练、安保和管理人员。

图1-18 林间滑草场

各分区在地域上可以独立，也可以相连，相连的功能可通过绿化带、道路等隔离，特色康养区多独立分布。部分功能区甚至是多区合一，如冥想区、树屋区、SPA区等可以与步道区结合，将这些功能区放在步道旁边。功能区不论独立还是相连，均要在整体上做到功能协调统一。

(七)森林康养基地配套设施

森林康养基地的配套设施较多，包括通信系统、森林防火、环境卫生、安全警示、标识标牌等。通信系统应覆盖无线4G网络或宽带网络；森林防火系统应有专业设备和专业人员，并能与上一级林火监控系统对接；环境卫生系统要求合理配置垃圾收集点、垃圾箱(桶)、垃圾清运工具等，并有专人保洁，应杜绝随意倾倒和焚烧现象；安全警示要有相应的警示牌、提示牌和相应安保措施，如建立安全预警机制、设置安全救助场所、应急疏散场所和设施、在显著位置设置通道逃生线路图、印发森林康养基地安全手册、配备专业安保人员、在危险区域设置必要的安全隔离带等；标识标牌系统起指示、导向、教育作用等，如在康养基地内入口、服务中心、康养步道等需要做出方向选择的节点、分岔口等设置适当间隔的导向牌，设置概况解说牌或景点、步道或者观赏点设置解说牌，重要或主要树种识别牌，在康养项目场所设置独立、醒目的警示关怀牌，以及紧急救援、安全避险等信息标识牌等。

单元二

森林康养方案设计

森林康养方案是维护和增进个体、群体健康的策略之一。方案设计必须始终坚持以目标为导向。定位应有明确、可行的目标、既要有整体性、又要兼顾卫生保健等重点领域，既要有一定的时间周期，又要保证未来的发展趋势和要求。

总之，方案设计需要借鉴历史的经验，需要进行细致的调查研究，需要清晰掌握目标的相关健康状况。本单元将介绍森林康养方案设计的相关内容。

模块一 森林康养方案设计概述

一、森林康养方案的设计原则

1. 目标原则

方案设计必须始终坚持以目标为导向，使方案活动紧紧围绕目标开展，以保证方案目标的实现。康养方案的设计应有明确、可行的目标，只有这样才能体现计划的整体性和特殊性，才能保证以最小的投入取得最大的回报。

2. 整体性原则

康养方案是维护和增进个体、群体健康的策略之一，也有其独特的理论体系。因此，在制订康养方案时首先确保方案本身的完整性，能站在提高综合健康水平、提高目标人群生活质量的高度上设计方案。其次，还需要考虑与我国当前卫生保健重点领域、主要工作相结合，使之融入区域范围的卫生保健政策与活动中，服务于卫生事业发展。

3. 前瞻性原则

一切计划都是面向未来的，为此，在制订森林康养方案时需要考虑未来发展的趋势和要求。前瞻性表现在目标要体现一定的先进性，如果目标要求过低，将失去计划的激励功能，在方案设计中则要体现新型、现代干预技术和方法的应用。

4. 动态性原则

计划有一定的时间周期，在这一时间周期内，个体健康状况、影响健康的因素处于动态变化之中，因此，在制订方案时要尽可能预计到在计划实施过程中可能发生的变故，要留有余地并预先制定应变对策，以确保方案的顺利实施。在方案实施阶段，要不断追踪方案的进程，根据目标的变化情况作出相应调整。

5. 从实际出发原则

遵循一切从实际出发的原则，一要借鉴历史的经验与教训，二要做周密细致的调查研究，因地制宜地提出计划要求。同时，要清晰地掌握目标的健康问题、认识水平、行为生活方式、用药情况、经济状况等系列客观资料，实行分类指导，提出真正符合具体实际，有可行性的森林康养方案。

二、森林康养方案的设计程序

在科学研究和工作实践中，不同的学者、卫生项目工作者采用不同的理论或工作框架进行计划设计，归纳这些项目计划的思维逻辑和系统工作方法框架，分析得出森林康养方案的设计可遵循的基本程序。

1. 受理面谈，掌握康养者需求和建立康养者健康档案。
2. 评估康养者可能存在的问题。
3. 确定康养的预期目标。
4. 制订个性化的森林康养方案。
5. 效果评价。

(一)受理面谈

受理面谈是康养方案设计的第一步，是康养方案设计的基础部分，同时又贯穿于康养方案设计的各个步骤中，是一个动态的、循环往复的过程。通过健康面谈了解和掌握康养者的健康状况和需求，开展健康状况检测和信息收集，建立康养者健康档案，从而完善个性化的康养方案。通过相互沟通，增进彼此间的信任，为康养活动的顺利开展奠定良好的基础。康养者健康档案通常包括以下5个方面的内容：

1. 基本信息

姓名、性别、年龄、民族、职业、文化程度、住址、单位、宗教信仰及婚姻状况等。

2. 健康状况与既往史

如吸烟、酗酒、饮食习惯及营养、心理性格特点，就医及遵医嘱情况等。既往史包括曾经患病情况、曾经发生过的生活事件等。

3. 家庭生活史和生物学基础资料

如家族和遗传病的历史、家庭主要成员的疾患和目前身体健康情况，包括血压、血糖、体重、血脂、腰围、身高等，以及其他健康检查资料。

4. 与健康相关的危险因素

如职业暴露、药物过敏情况、变态反应等。

5. 心理状况

如是否有紧张、焦虑、抑郁、过分担忧等状况。

(二)康养者可能存在的问题

依据康养者提供的相关信息、健康体检等资料明确康养者存在的问题。

问题一般可从饮食、生活方式、超重和肥胖、用药依从性、心理等方面描述，确定优先干预的健康问题。

(三)预期目标

针对任何一位康养者，都必须有明确的目标，其是康养计划实施和进行效果评价的根据，如果缺乏明确的目标，整个计划将失去意义。

1. 总体目标

康养计划的总体目标是指计划要达到的最终结果。其是宏观的，只是给计划提供一个总体的努力方向。例如，高血压康养计划，其总体目标可以是"控制高血压，减少高血压并发症，提升高血压患者的生活质量"。

2. 具体目标

康养计划的具体目标是对总体目标进行的具体化、量化的表述，包含明确、具体、量化的指标。具体地说，计划目标必须能回答以下 5 个问题，即 5 个"W"。

Who——对象是谁？

What——实现什么变化(知识、行为、发病率等)？

When——实现这种变化的时间？

Where——实现这种变化的范围？

How much——变化程度？

一般而言，具体目标分为健康目标、行为目标和教育目标(实现行为改变所必须具备的知识、技能等)。

(1)健康目标　从执行健康管理康养计划到康养者健康状况的变化，需要的时间不同。如通过森林康养，可以需要几个月就实现体重的控制和血压的控制，但是需要若干年才能看到康养者高血压患病率的变化。因此，不同的康养项目要根据康养的健康问题、项目周期确定目标。

(2)行为目标　行为目标反映的是康养实施后，康养者行为生活方式的改善，如减少盐的摄入、能做到有规律运动、每月测量一次血压、遵从医嘱服用降压药等。

(3)教育目标　众所周知，人们健康相关行为生活方式的改变，有赖于康养者对健康信息的了解、理解以及技能掌握，只有具备了这些知识技能，才有可能真正采纳健康行为。由此可见，教育目标是康养的一个中间环节，最终体现在行为目标。

(四)建立个性化的森林康养方案

根据每个康养者的实际情况，在康养者的共同参与下制订个性化、综合性、连续性的森林康养方案。康养方案可选择空气浴(森林漫步)、景观疗法、运动疗法、膳食疗法、心理疗法等，对有疾病的康养者，还必须结合药物疗法。

(五)效果评价

效果评价是在康养活动实施结束后，旨在衡量项目效果的活动。大多数会采用康养前后比较的方法，确定康养效果，即在实施康养活动前进行一次测量，内容包括康养者的健康指标、行为生活方式、就医与用药情况、健康认知、个人基本信息等，其中的重点应为康养活动能够影响到的内容，在康养活动结束后，再次对上述指标进行测量，比较前后两次测量的结果，从而判断康养的效果，分析是否达到了预期的目标，从而总结成功的经验和教训，修正疗养计划和方法。

模块二　亚健康人群的方案设计

一、亚健康人群分析

亚健康是指非病非健康的一种临界状态，是介于健康与疾病之间的次等健康状态，故又有"次健康""第三状态""中间状态""游移状态""灰色状态"等称谓。世界卫生组织将机体无器质性病变，但是有一些功能改变的状态称为"第三状态"，我国称为"亚健康状态"。处于亚健康状态的人，通常没有器官、组织、功能上的病症和缺陷，但是会有自我感觉不适、疲劳乏力、反应迟钝、活力降低、适应力下降等不适状况，经常处在焦虑、烦乱、无聊、无助的状态中，自觉活得很累。如果这种状态不能得到及时的纠正，非常容易引起身心疾病。

白领阶层是亚健康状态的主要人群。紧张的工作和生活的压力，造成白领阶层人士生理与心理的双重疲劳，所以，白领阶层是亚健康状态的主要人群。据我国一项专题调查显示，北京市高级职称的中年知识分子中，竟有高达75.3%的人处于亚健康状态。更令人担忧的是，有85%以上的企业管理者处于慢性疲劳状态或亚健康状态，这是由他们的特殊工作、生活环境和行为模式所决定的。白领阶层生活节奏快、心理压力大，都市生活的繁杂，人际关系的复杂，难以避免的风险，意料不到的挫折，环境质量的恶化，生活不规律，特别是吸烟、酗酒、暴饮暴食、缺乏必要的运动等，使很多人陷入亚健康状态。这类亚健康人群通过森林康养，可以最大限度消除亚健康状态，恢复到人类正常健康状态。

二、森林康养对亚健康人群的作用

根据亚健康状态的发生原因和特点，医学专家认为，森林康养应该是干预和解决亚健康状态的最佳方法之一。因为亚健康状态主要是因为心理压力、工作压力、环境压力等多方因素引起的一种疲劳状态，疲劳首先就需要休养，而休养首选的最佳方法是森林康养。

1. 森林康养环境对亚健康人群的作用

森林康养中心一般位于奇峰密林的山谷，树木花草茂盛，具有排除各种诱因、缓解各种压力所需要的优越自然条件。当代人们几乎整日奔波和栖息于拥挤的钢筋混凝土空间中，很难找到一处幽静空旷的场所，而森林康养中心占地面积比较大，且地理位置优越，森林茂密，树种繁多，植被丰富，环境幽雅，并有保持完好的原生态环境和优雅的人文景观，大面积覆盖的山林和多品种的花草树木，只要身临其境，就足以使人远离尘世的喧嚣和压力，从源头上消除亚健康状态的诱因。

研究证实，在森林环境中康养可以让人从紧张的压力、恶劣的环境氛围之中解脱出来，进而平抚心境、愉悦心情，放松紧张的神经，达到解除心情疲劳、缓解心理压力之功效；同时美丽的景观环境可使神经系统紧张状态得到调节，使焦虑、烦躁、忧伤、悲观或苦闷的心态趋于平复，使得大脑皮质唤醒水平下降，交感神经系统兴奋性下降，机体耗能减少，血氧饱和度增加，血红蛋白含量及携氧能力提高，肌电、皮电、皮温等一系列促营养性反应加强，这些对亚健康状态的康复都起到很好的调节作用。

森林中气温、气压较低而平稳，日变化较小，湿度大，空气清新，氧含量高，空气负离子浓度高，宜人的气候能使人情绪愉悦、精神振奋，从而对中枢神经系统起到良好的镇静作用，也对亚健康状态的康复起到很好的调节作用。

2. 森林中自然康养因子对亚健康人群的作用

森林康养中心有丰富的自然康养因子，各种康养因子作为物质、能量、信息作用于机体，机体内环境与外环境之间不断进行交换，使机体适应各种外环境的改变而提高抵抗力，对紊乱的内环境进行调整，促进机体逐渐恢复正常、有序的状态，从而防病治病，对亚健康状态的恢复起到良好的调节作用。

（1）森林中具有较高的空气负离子水平，空气负离子能调节神经系统功能，使神经系统的兴奋和抑制过程正常化，能加强新陈代谢、促进血液循环，也能促进人体内形成维生素及贮存维生素，还可以使肝、肾、脑等组织器官的氧化过程加速以提高其功能，能使气管壁松弛，加强管壁纤毛活动，改善呼吸系统功能。

（2）森林中的植物挥发物"芬多精"，有些能使人愉快，缓解压力，有些能使人安静、集中注意力，有些使人镇静、感到舒适，这些改变均有利于亚健康状态的缓解和恢复。

（3）绿色的森林环境可以使人体的紧张情绪得到稳定，使血流减缓，呼吸均匀，绿色给人体带来舒适感，给人以凉爽、清新、有活力、振奋的感觉，有利于减轻或消除亚健康状态的精神心理及生理方面的症状。

三、针对亚健康人群制定的森林康养菜单

（一）建立健康档案

受理面谈是康养方案设计的第一步，通过健康面谈了解和掌握康养者的健康状况和需求，建立康养者健康档案，从而完善个性化的康养方案。主要收集以下 3 个方面的信息：

1. 基本资料

采用统一的健康档案信息表和体检表收集个人基本信息：①人口学资料：年龄、性别、职业、文化程度、婚姻状况等。②一般体检状况：身高、体重、血压、血脂、血糖等。③行为习惯及生活方式：饮食习惯、吸烟饮酒、运动及睡眠情况等。④既往史与家族史：曾经患病情况，和曾经发生过的生活事件等，家庭主要成员的疾患和目前身体健康情况。

2. 身体状况

了解康养者自我感觉不舒适的症状出现的时间、自觉症状、诊断及治疗经过、采用的方式。详细评估其身体状况，对一些常见慢性病进行筛查。

3. 心理卫生状况

通过交谈和测试，了解康养者的性格特征、生活与工作压力情况、紧张

度等心理卫生状况。

(二)康养者可能存在的问题

通过收集服务对象的个人健康信息,分析个人健康史、家族史、生活方式和从精神压力等问卷获取的资料,可以为服务对象提供一系列的评估报告,其中包括用来反映各项检查指标状况的个人健康体检报告,个人总体健康评估报告,精神压力评估报告等。

1. 身体不适感

处于亚健康状态的人,通常没有器官、组织、功能上的病症和缺陷,但是会有自我感觉不适、疲劳乏力、反应迟钝、活力降低、适应力下降等不适状况。

2. 饮食问题

饮食不规律,膳食结构不合理,暴饮暴食可能导致体重发生改变,并且可能引起各种急慢性疾病。

3. 不合理的生活方式

吸烟是心血管病和癌症的主要危险因素之一,显著增加高血压患者发生动脉粥样硬化疾病的风险;饮酒和血压水平及高血压患病之间呈线性关系;大量饮酒还会减弱降压药物的降压作用。体力活动过少可引起肥胖、胰岛素抵抗和自主神经调节功能下降,从而导致各种慢性病的发生。

4. 睡眠不足

亚健康人群由于长期的紧张、疲劳、没有很好的调适机体,容易出现不同程度的睡眠质量下降,各种疾病便会乘虚而入。

5. 不良的心理卫生状况

当今社会压力无处不在,人们面对外环境中的挑战和威胁所产生的这些心理和生理反应就是应激,应激反应也必然影响到人类健康。研究表明,长期的紧张和压力对健康有害:一是引发急慢性应激直接损害心血管系统和胃肠系统,造成应激性溃疡和血压升高,心率增快,加速血管硬化进程和心血管事件发生;二是引发脑应激疲劳和认知功能下降;三是破坏生物钟,影响睡眠质量;四是免疫功能下降,导致恶性肿瘤和感染机会增加。

(三)预期目标

1. 提高康养者的生活质量。
2. 改善亚健康康养者行为生活方式。

3. 改善康养者的睡眠。

4. 降低康养者慢性病的发病率。

5. 改善亚健康康养者的心理健康。

(四)建立个性化的森林康养方案

根据收集的每位亚健康森林康养者的信息，结合兴趣爱好，在康养者的共同参与下制订个性化、综合性、连续性的森林康养方案。

1. 作业疗法

作业疗法有助于减轻或消除亚健康人群的心理社会方面的症状。森林康养中的作业疗法，就是专门利用植物栽植、植物养护管理等园艺体验活动对不同人群进行心理疏导和调整工作。从目前国内外研究来看，作业疗法对人们心理的影响主要表现在以下五个方面：第一，可以消除不安心理与急躁情绪。在绿色环境中散步眺望，能使人心态安静。第二，可以增强忍耐力和注意力。园艺的对象是有生命的树木花草，在进行园艺活动时要求慎重并有持续性，长期进行园艺活动无疑会培养忍耐力与注意力。第三，可以通过植物张扬气氛，进而影响人的心情。一般来讲，红花使人产生激动感，黄花使人产生明快感，蓝花、白花使人产生宁静感。鉴赏花木，可以刺激调节松弛大脑。第四，可以帮助病人树立自信心。自己培植的植物开花结果会使劳作者在满足内心需要的同时增强自信心，这样可以使亚健康状态的人们树立自信心。第五，可以使人增加活力。投身于园艺活动中，能使人忘却烦恼，产生疲劳感，加快入睡速度，起床后精神更加充沛。这些都有助于亚健康状态的人们减轻或消除心理社会方面的症状。

2. 拓展训练

森林中的拓展训练，是通过林中的集体活动，以同伴间相互影响的方式，实现个人成长，如登山、露营野餐或集体做"不倒森林"等游戏。在森林中共同游憩和观赏，在游玩中进行交流，可以促进家庭和睦，也可以使朋友之间的友谊得到升华。同时，在拓展训练各种活动中，还能结识新朋友，拓展交际和朋友圈，提高团队精神和社交能力，有效改善内部人际关系。这样可以减轻或消除亚健康状态人群的社会适应方面的症状。

3. 其他森林康养形式对亚健康状态人群的作用

（1）森林浴 安排亚健康状态人们每天在空气清新、富含负离子的森林康养地进行慢跑、骑车、爬山、打球或练气功、太极拳等有氧运动，每次 30～60min，每日 2 次；这些疗法对亚健康状态具有良好的干预作用，对祛除疲劳、改善不适症状及调整心理状态有益。

（2）膳食疗法　以科学搭配本地食材为原则的食物疗法，结合中医的辩证施治观点，制定适合不同亚健康个体生理需要的康养膳食，也可达到健脾益胃、静心养神的效果，有利于亚健康状态的缓解和恢复。

（3）结合优美的景观、适宜的森林气候，综合运用森林中的自然康养因子及各种森林疗法，可以消除紧张，缓解心理矛盾，增强社会适应能力，改善人体各系统机能，促进新陈代谢和增强免疫力，使亚健康人群各种不适症状消失，亚健康状态基本控制，各项血液异常指标均有明显改善。

（五）效果评价

1. 近期效果

通过康养2个月后，一方面了解康养者饮食、生活习惯、心理情绪控制及社会适应情况的改善；另一方面检查其血压、血脂、血糖、体重等指标的变化，以及其自我感觉的改变，并与第一次相关检查结果进行比较分析，总结成功的经验和教训，修正康养计划和方法。

2. 远期效果

定期进行随访，了解康养者生活质量、自我感觉症状、慢性病的发生情况、心理社会适应情况，通过一年以上的康养，康养者的生活质量较以前提高，行为生活方式发生改变，自觉不适感明显减轻，能够以积极的心态面对生活，心理情绪控制能力增强。

模块三　慢性病患者的方案设计

慢性病（chronic disease）全称是慢性非传染性疾病，不是特指某种疾病，而是对一类起病隐匿，病程长且病情迁延不愈，缺乏确切的传染性生物病因证据，病因复杂，且有些尚未完全被确认的疾病的概括性总称。慢性病病程长，易出现并发症，且有阶段性。

常见的慢性病包括以下疾病：一是心脑血管疾病，如高血压、冠心病、慢性心衰、脑卒中等；二是恶性肿瘤；三是代谢性疾病，如糖尿病等；四是精神异常和精神病；五是遗传性疾病；六是慢性职业病，如矽肺、化学中毒等；七是慢性呼吸系统疾病，如慢性支气管炎和肺气肿、慢性肺心病、慢性阻塞性肺疾病等；还有其他类型的慢性病。

世界卫生组织调查显示，慢性病发病原因的60%取决于个人的生活方式，同时还与遗传、医疗条件、社会条件和气候等因素有关。在生活方式中，膳食不合理、身体活动不足、烟草使用和有害使用酒精是慢性病的四大危险因素。

慢性病的危害主要是造成脑、心、肾等重要脏器的损害，易造成伤残，影响劳动能力和生活质量，且医疗费用极其昂贵，增加了社会和家庭的经济负担。《中国疾病预防控制工作进展(2015年)报告》称慢性病综合防控工作力度虽然逐步加大，但防控形势依然严峻，脑血管病、恶性肿瘤等慢性病已成为主要死因，慢性病导致的死亡人数已占到全国总死亡人数的86.6%，此前为85%，而导致的疾病负担占总疾病负担的近70%。

一、高血压

(一)高血压患者分析

高血压病(hypertensive disease)是以血压升高为主要临床表现的综合征，我国将高血压定义为收缩压≥140mmHg和(或)舒张压≥90mmHg。收缩压≥140mmHg和舒张压<90mmHg单列为单纯收缩期高血压。按血压水平将高血压分为1、2、3级，1级高血压(轻度)是收缩压在140~159mmHg和(或)舒张压在90~99mmHg；2级高血压(中度)是收缩压在160~179mmHg和(或)舒张压在100~109mmHg；3级高血压(重度)是收缩压≥180mmHg和(或)舒张压≥110mmHg，且当收缩压和舒张压分别属于不同级别时，以较高的级别作为标准。

高血压病是常见的慢性病之一，也是心脑血管疾病最重要的危险因素，可导致脑卒中、心力衰竭及慢性肾脏病等主要并发症，严重影响患者的生存质量，给国家和家庭造成沉重负担。临床上有效地控制血压对预防和降低心、脑、肾并发症的发生有非常重要的意义，高血压病目前仍以药物治疗为主，但非药物治疗越来越受到人们重视。

据研究证实，康养因子对高血压病具有良好的治疗作用，可降低患者血压，预防并发症，减少药物副作用，改善患者的生存质量。

高血压病患者的康养指征：无严重心、脑、肾并发症的稳定期高血压病患者，以及缓进型高血压病1、2级(轻、重度)患者均可以进行森林康养。

(二)森林康养对高血压患者的作用

1. 森林康养优美的景观使人心旷神怡，花草遍布，绿树成荫，有益于神经系统兴奋和抑制过程的协调和平衡，有利于血压的调整。

2. 森林中富含氧，可减慢心率，增加心脏功能和降低血压。含有足够负离子的新鲜空气可提高呼吸系数，促进氧的吸收，增加二氧化碳的排出，降低血黏度，扩张血管和降低血压。负离子还能降低胆固醇，增加血钙含量，降低血糖。

3. 森林中的树木成长过程中释放的挥发性物质，可杀灭空气中多种病原菌。另外，树木散发的清爽芳香性气味，作用于机体植物神经系统，产生安神、镇静作用，并能调整神经反射，达到扩张周围血管，降低血压的作用。

4. 森林中适当的运动，如散步、做医疗保健操等有氧运动，可有效地提高心血管系统的功能，使血管扩张，血流改善，心肌能量利用改善，血压降低，可以有效地协助降低血压，减少降压药物使用量及靶器官（心、脑、肾）损害，提高体力活动能力和生活质量。这也是高血压治疗的必要组成部分。

5. 气功、太极拳等祖国传统运动疗法及散步、球类等运动疗法有助于强身健体，减轻或控制体重，调整糖、脂代谢，改善心肌血液循环，增强心肌代谢，使心肌能量利用得到改善，心肌收缩力增强，血管扩张，不仅血压下降，而且还有明显降低心率的作用，有利于降低心血管疾病的发生率。

6. 通过心理疗法和富有生机的景观疗法，如舒适的环境、规律的起居及音乐疗法等对感官的刺激，在人体的中枢神经系统中建立起大自然优势灶，从而抑制病理兴奋灶。

上述综合森林康养因子有助于调节大脑皮质功能失调，降低外周去甲肾上腺素的神经递质水平，从而降低血压，促进并维持身体内环境平衡，使紊乱的神经系统特别是交感—肾上腺系统和迷走胰岛素系统功能恢复，从而提高心血管功能，使血管扩张，血压下降，减少心脑血管疾病的发病。研究显示，森林疗法对轻、中度高血压有非常显著的治疗作用，减少或避免了药物降压的诸多副作用，提高了患者的生活质量。

(三)针对高血压患者制定的森林康养菜单

1. 建立健康档案

(1)基本资料收集 ①一般情况：年龄、性别、职业、文化程度、婚姻状况等。②一般体检状况：身高、体重、血压、血糖、血脂、肝肾功能、心电图等；③行为习惯及生活方式：饮食习惯、膳食结构、吸烟饮酒、运动锻炼情况等。④既往史与家族史：曾经患病情况，和曾经发生过的生活事件等，家庭主要成员的疾患和目前身体健康情况。⑤危险因素：如职业暴露、药物过敏情况、变态反应等。

（2）身体状况　了解康养者发病时间、自觉症状、诊断及治疗经过、用药情况、药物过敏情况、遵医嘱情况及血压控制情况。

测量血压是高血压诊断和分类的主要手段，临床上通常采用间接方法在上臂肱动脉部位测得血压值。目前主要有诊室测压、家庭血压监测和动态血压监测 3 种方法。

根据中国高血压防治指南诊断标准：在未用高血压药的情况下收缩压≥140 mmHg 和（或）舒张压 >90 mmHg，患者既往有高血压史，目前正在用降高血压药，血压虽然低于 140/90mmHg，亦应该诊断为高血压。根据血压控制情况，服药后血压分为 3 种：

A. 控制良好：在正常水平（收缩压 <140 mmHg 和舒张压 <90 mmHg）；

B. 控制一般：在临界水平（收缩压 140~159 mmHg 和舒张压 90~94 mmHg）；

C. 控制不良：在确诊水平（收缩压 ≥160 mmHg 和舒张压≥95 mmHg）。

（3）心理卫生状况　通过交谈和测试，了解康养者的个性、心理性格特点，是否有心理负担过重，情绪易激动，性情易暴躁，紧张度高等心理卫生状况。

2. 康养者可能存在的问题

根据收集到的康养者的个人基本信息，身体及心理健康状况，提出康养者可能存在的问题。高血压康养者常见的健康问题主要有以下 5 种：

（1）不健康的饮食　高钠、低钾膳食是我国大多数高血压患者发病最主要的危险因素，膳食钠盐摄入量平均每天增加 2g，收缩压和舒张压分别增高 2.0mmHg 和 1.2mmHg。

（2）不合理的生活方式　吸烟是心血管病和癌症的主要危险因素之一，可导致血管内皮功能损害，显著增加高血压患者发生动脉粥样硬化疾病的风险。饮酒和血压水平及高血压患病之间呈线性关系，大量饮酒可诱发心脑血管事件发生。饮酒量超过 40mL/d 时，饮酒会导致血压升高。此外，大量饮酒还会减弱降压药物的降压作用。体力活动过少可引起肥胖、胰岛素抵抗和自主神经调节功能下降，从而导致高血压的发生。

（3）超重和肥胖　超重和肥胖是高血压重要的危险因素，肥胖通过增加全身血管床面积和心脏负担，引起胰岛素抵抗而引起高血压。

（4）用药依从性差　服药不及时、漏服、不愿意服药，不能坚持长期治疗，有的认为血压下降后，便立即停药，有的担忧血压降的过低或长期服药产生药物副作用，不规范治疗等都是高血压患者常见的问题，这些行为均易导致血压波动。

（5）不良的心理社会因素　人的心理状态和情绪与血压水平密切相关，长期紧张、焦虑、烦躁等不良情绪，以及生活的无规律会导致血压波动。高血压患者若长期情绪不稳定，出现心理负担过重，情绪易激动，性情易暴躁等，也会影响抗高血压药物的治疗效果，严重者可引发脑卒中或心肌梗死等并发症。

3. 预期目标

（1）康养者行为生活方式有所改善。

（2）康养者情绪相对稳定，心理承受能力增强。

（3）高血压患者经过森林康养干预后，血压控制情况好转。

（4）康养者生活质量提高，并发症的发生率减少。

4. 建立个性化的森林康养方案

根据每个高血压患者的实际情况，结合兴趣爱好，在康养者的共同参与下制订个性化、综合性、连续性的森林康养方案。

（1）森林浴　9：00～10：00和16：00～17：00在森林康养区林中步道散步，可以有效地吸收森林中的自然康养因子，要求速度适中，四肢放松自然摆动，行走从短距离慢速度开始，以后可逐渐延长距离并加至中速，一般不宜快速（每分钟多于100步），每日1～2次，每次15～20min，以后逐渐延长至40～60min；活动时最高心率保持在（170－年龄）次/min。

（2）景观疗法　舒适优美的康养环境，起居规律，保证充分睡眠，消除影响血压波动的有关因素，根据康养者的兴趣爱好，适当安排一些有益于身心健康的活动，如钓鱼、书法、绘画、打牌、下棋等文体活动。

（3）传统运动疗法　运动疗法要注意低强度、长时间、不间断、有节律。只要运动后自我感觉良好，保持理想的体重表明是合适的。根据康养者的兴趣爱好，选择每天进行太极拳、太极剑、八段锦、气功等传统体育运动，20～30min/次，1次/d；运动宜以中等偏慢速度或有节律活动为宜，不宜做头低于心脏水平的动作，不宜跳跃、快速旋转，不做负重活动，以免憋气等，防止反射性血压升高。常用的运动强度指标为运动时最大心率达到（170－年龄）次/min。体力活动计划包括三个阶段：5～10min的热身活动；20～30min的有氧运动；放松阶段，逐渐减少用力，约5min。

（4）膳食疗法　宜以低盐、低脂肪、低胆固醇、低糖、富含优质蛋白及高钾食物为主。多食蛋白较高、脂肪较少的禽类和鱼类，同时科学搭配林地的中药食材，药食同源，有针对性地进行食疗。

（5）心理疗法　通过森林康养师有针对性地运用移情易性、森林冥想、生物反馈疗法等方法，给康养者进行个体化的心理疏导。

（6）药物疗法　对2、3级高血压患者还要选择适当的降压药物。并对长期坚持用药的重要性及注意事项进行指导，提高其用药依从性。

5. 效果评价

（1）近期效果　通过康养2个月后，一方面了解康养者生活习惯及心理情绪控制情况的改善；另一方面检查其血压、血脂、血糖、体重的变化，并与第一次相关检查结果进行比较分析，总结成功的经验和教训，修正康养计划和方法。

（2）远期效果　对森林康养者进行血压控制评估，及时修正和完善康养方案。按照康养者全年血压控制情况，分为优良、尚可、不良共3个等级。优良：全年累计有9个月的时间血压记录在140/90mmHg以下；尚可：全年有6~9个月的时间血压记录在140/90mmHg以下；不良：全年有不足6个月的时间血压记录在140/90mmHg以下。同时评估康养者并发症的发生率和生活质量是否提高等。

二、冠心病

（一）冠心病患者分析

冠心病（coronary heart disease）是指冠状动脉血管发生粥样硬化病变而引起血管腔狭窄或阻塞，造成心肌缺血、缺氧或坏死而导致的心脏病，其和冠状动脉功能改变（痉挛）一起，统称为冠状动脉性心脏病，简称"冠心病"。

世界卫生组织将冠心病分为5大类：一是隐匿型冠心病（无症状性心肌缺血）：病人无症状，但静息或负荷试验后有ST段压低、T波降低或倒置等心肌缺血的心电图改变，病理学检查心肌无明显组织形态学改变。二是心绞痛型冠心病（心绞痛）：发作性胸骨后疼痛，为一过性心肌缺血不足引起，病理学检查心肌无组织形态改变或有纤维化改变；一般经休息和含服硝酸酯制剂（硝酸甘油片）可以缓解。三是心肌梗死型冠心病（心肌梗死）：由冠状动脉闭塞致心肌急性缺血坏死所致，表现为持久的胸骨后剧烈疼痛，经休息和含服硝酸甘油不能缓解。四是心力衰竭型冠心病（缺血性心肌病）：为长期心肌缺血导致心肌纤维化引起，表现为心脏扩大、心力衰竭和心律失常。五是猝死型冠心病（猝死）：因原发性心脏骤停而猝然死亡，多为缺血心肌局部发生电生理紊乱，引起严重心律失常所致。

冠心病的康养指征：近期内无频繁心绞痛发作，无严重心律失常，心功能基本正常者；患心肌梗塞后6个月以上病情稳定者；安装永久性人工心脏起搏器而无并发症者。

（二）森林康养对冠心病患者的作用

1. 森林康养基地一般风景秀丽，气候温和，森林覆盖面广，环境无污染，是产生负离子的有利条件，这些含有足够负离子的新鲜空气对人体具有良好的治疗价值。负离子可提高呼吸系数，促进氧的吸收，增加二氧化碳的排出，降低血黏度，改善心功能及心肌营养不良状况，扩张血管和降低血压。负离子还能降低胆固醇，增加血钙含量，降低血糖。这些都有利于冠心病患者的康复。

2. 森林中的树木生长过程中释放的挥发性物质"芬多精"，可杀灭空气中多种病原菌。另外，树木还能散发出清爽的芳香性气味，作用于机体植物神经，产生安神、镇静作用，并能协调神经反射作用，可减少心肌耗氧量和减轻心脏负担。这些可有效消除冠心病的症状、减少并发症的发生。

3. 适当的体育活动，可扩张冠状动脉、促进侧支循环的形成，增加心肌供氧量，提高心肌利用氧的能力，降低心肌耗氧量；同时可以减肥、降血脂、降低血黏度。这些都能减少冠心病的危险因素及延缓并发症的发生。

4. 社会心理应激与行为因素在冠心病中起明显作用，心理治疗方法很多，森林康养过程中选用行为治疗（矫正疗法）、音乐疗法及安排舒适环境，减少不良刺激的方法，通过调节内环境的平衡，从而达到抗心律失常和改善心肌缺血的目的，有利于冠心病患者的康复。

研究结果显示，森林康养对冠心病患者有明显的治疗效果，可有效消除心绞痛、胸闷、心慌等症状，减少发作次数；可明显改善心肌缺血，抗心律失常效果明显，表现为ST－T恢复正常，或ST段缺血性压低回升1mm以上，早搏消失或偶发；同时可以减肥、降血脂、降低血黏度、改善心功能及心肌营养不良状况，减少发生冠心病的危险因素。总之，冠心病患者不应只偏重药物治疗，综合利用各种森林疗法和自然康养因子，可促进冠心病患者的康复，减少并发症的发生。

(三)针对冠心病患者制定的森林康养菜单

1. 建立健康档案

(1)基本资料收集 采用统一的健康档案信息表和体检表收集个人基本信息：①人口学资料：年龄、性别、职业、文化程度、婚姻状况等。②一般体检状况：身高、体重、血压、血脂、血糖等。③行为习惯及生活方式：饮食习惯、吸烟饮酒、运动及睡眠情况等。④既往史与家族史：曾经患病情况，和曾经发生过的生活事件等。家庭主要成员的疾患和目前身体健康情况。

(2)身体状况 了解康养者发病时间、自觉症状、冠心病的诊断及治疗经过、用药情况、药物过敏情况、遵医嘱情况等。评估心绞痛发生的诱因、疼痛的性质、持续的时间及缓解的方式。

(3)心理卫生状况 通过交谈和测试，了解康养者的性格特征、生活与工作压力情况、紧张度等心理卫生状况。

2. 康养者可能存在的问题

根据收集到的康养者的个人基本信息，身体及心理健康状况，提出康养者可能存在的问题。冠心病康养者常见的健康问题主要有以下四种。

(1)膳食结构不合理 进食过多的动物脂肪、胆固醇、糖和钠盐，可引起血脂、血压及血糖异常。而膳食中纤维素含量少时，容易造成便秘，用力排便可诱发心绞痛。

(2)不合理的行为生活方式 吸烟可造成动脉壁氧含量不足，促进动脉粥样硬化的形成，吸烟者冠心病的死亡危险性随着吸烟量的增加而增加，存在剂量—反应关系。大量饮酒会可诱发心脑血管事件发生。体力活动过少可引起肥胖、胰岛素抵抗和自主神经调节功能下降，从而导致高血压的发生，增加冠心病患者的危险。

(3)超重和肥胖 超重和肥胖是高血压重要的危险因素，肥胖通过增加全身血管床面积和心脏负担。体质指数增加 10%，血清胆固醇平均增加 0.48mmol/L。

(4)心理因素 冠心病患者多数存在焦虑和抑郁等症状，且存在负性情绪的患者病死几率大。

3. 预期目标

(1)康养者行为生活方式有所改善。

(2)康养者血脂、血胆固醇、血压控制情况好转。

(3)康养者情绪相对稳定，心理承受能力增强。

(4)康养者生活质量提高，急性冠脉事件的发生减少。

4. 建立个性化的森林康养方案

根据每位冠心病康养者的实际情况，结合兴趣爱好，在康养者的共同参与下制订个性化、综合性、连续性的森林康养方案。

(1)空气浴　上午日出后和傍晚日落前在森林康养区附近空气新鲜的盘山道、花园旁散步，散步的速度根据病人的具体情况而定，体质较好差者以每分钟60～80步的速度平地散步，体质较者的可每分钟增加20～30步，或增加一定的坡度(约5°)，每次30min，上午和傍晚各一次。

(2)传统运动疗法　传统运动疗法以练太极拳、健身操、气功等方式进行，最大活动量以不发生心绞痛症状为度。每日1～2次，每次10～60min，可逐渐增加时间，以防运动后引起不适。心率较运动前增加10～20次/min为正常反应。太极拳可根据身体条件做简化太极拳或繁式太极拳，可练全套或练半套。健身操只能做简易操，呼吸自然，节律平稳，避免屏气。注意监测康养者活动过程中有无胸痛、呼吸困难、脉搏增快等不适反应，出现异常情况立即停止活动，必要时给予含服硝酸甘油和吸氧处理。

(3)膳食疗法　所有冠心病康养者均宜予以低热量、低盐、低脂、低胆固醇饮食，每天摄食富含钾、钙、维生素及粗纤维的新鲜蔬菜水果，同时科学搭配林地的中药食材，药食同源，有针对性地进行食疗。

(4)心理疗法　一是保持病人康养房间整齐、安静、舒适，合理安排生活，睡眠充足，减少不良刺激；二是让病人欣赏旋律优美的音乐，每日1次，每次30min；三是让病人参加文娱、参观、游览等活动，使康养者保持良好的情绪；四是对病人进行有关冠心病的知识宣教，详细讲解行为因素对冠心病的不良影响及其矫正措施，视冠心病患者情况每周安排1～2次，每次30～60min。

(5)药物疗法　按常规服用冠心病治疗药物，准备急救药盒，在必要时服用相应的治疗药。

5. 效果评价

(1)近期效果　经过2～3个月的康养，评估体重指数、血糖、血压、血脂、血清总胆固醇等指标的变化，了解康养者的行为生活方式，活动量及活动耐力，情绪控制及自我管理能力的改变，并跟第一次评估及相关检查的结果进行对比分析，总结成功的经验和教训，修正康养计划和方法。

(2)远期效果　定期进行随访，了解康养者生活质量、活动耐力、急性冠脉事件的发生情况，通过一年以上的康养活动，康养者的生活质量较前提高，急性冠脉事件的发生率降低，能够以积极的心态面对疾病。

三、糖尿病

(一)糖尿病患者分析

糖尿病(diabetes mellitus，DM)是一种由不同原因引起的胰岛素分泌绝对或相对不足，以及外周组织对胰岛素敏感性降低，致使体内糖、蛋白质、脂肪代谢异常，以慢性高血糖为突出表现的内分泌代谢性疾病。临床上出现多尿、多饮、多食、消瘦等症状，即"三多一少"症状，久病可引起多系统损害，导致眼、心脏、血管、肾、神经等组织的慢性进行性改变、功能减退及衰竭；病情严重或应激时可发生酮症酸中毒、高渗性昏迷等急性代谢紊乱。

糖尿病的诊断标准：目前国际上通用 1999 年世界卫生组织糖尿病专家委员会提出的诊断标准，具体如下：糖尿病症状 + 空腹血浆葡萄糖(简称血糖)(FPG)≥7.0mmol/L(≥126mg/dl)或随机血糖≥11.1mmol/L(≥200mg/dl)，或者口服葡萄糖耐量试验(OGTT)2h≥11.1mmol/L(≥200mg/dl)。符合以上任意一条并在另一天再次证实则诊断为糖尿病。

糖尿病的病因及分型：糖尿病的病因和发病机制较复杂，目前尚未完全明了，主要跟遗传因素和环境因素有关。糖尿病分为四大类型，即 1 型糖尿病、2 型糖尿病、妊娠糖尿病和特殊类型糖尿病，其中 1 型糖尿病又称为胰岛素依赖型糖尿病，主要与自身免疫有关，多见于年轻人，需用胰岛素治疗；2 型糖尿病又称为非胰岛素依赖型糖尿病，约占本病的95%，多见于 40 岁以上的成年人，患者多肥胖；其他类型糖尿病相对少见。

糖尿病患者的康养指征：无急性感染及严重心、脑、肾、眼并发症和酮症酸中毒的患者。

(二)森林康养对糖尿病患者的作用

1. 森林康养基地具有美丽、幽雅、宁静的景观环境和富有大量负离子的宜人清爽空气，对人的生理和心理状态有着良好的调节和保健作用，对高级神经组织活动、特别是对大脑皮层的功能活动发挥着有益的、积极的作用，使人心旷神怡，有益于调节神经和内分泌功能。据报道，空气中大量的负离子有利于调节碳水化合物、脂肪、蛋白质代谢，从而降低血糖、血脂、血液黏度；负离子还增加酶的活性，促进新陈代谢，进一步降低血糖、血脂，这些均可促进糖尿病患者康复。

2. 森林富氧环境中的有氧运动，如太极拳、气功、医疗步行等运动疗法可以促进神经调节中枢的恢复，促进胰腺(分泌胰岛素的腺体)的功能活动，加强神经系统对内分泌系统的调节作用，还可促进代谢，增加机体对葡萄糖的利用，从而降低血糖、血脂、血液黏度，纠正血液高凝倾向，有利于控制糖尿病患者的病情、延缓或预防并发症的发生。

3. 森林温泉浴和空气浴可促进糖、脂肪、蛋白质代谢，增加葡萄糖的利用，降低血糖、血脂，降低血液黏度，纠正血液高凝倾向，可延缓或减少心脑血管并发症的发生。

4. 森林浴能提高人体的免疫力，减少人体产生应激激素，降低炎症介质水平。糖尿病与自身免疫异常有关，抵抗力低下，易并发感染，通过森林康养，可提高患者的免疫力，减少感染等并发症的发生。

5. 在适应生理需要的基础上，根据个体需要，控制摄入饮食总热量，合理安排糖、脂肪和蛋白质等营养物质的比例，有利于血糖水平的控制，减少和延缓各种急、慢性并发症的发生和发展。

6. 对患有糖尿病的康养员进行健康教育和心理疏导，使康养员了解糖尿病基本知识和治疗控制要求及其重要性，取得康养员的密切配合，严格遵循康复康养方案，掌握一些心理保健知识，及时调整心理状态，避免不良心理反应，有助于康复康养方案的有效实施。

(三)针对糖尿病患者制定的森林康养菜单

1. 建立健康档案

(1)基本资料收集　采用统一的健康档案信息表和体检表收集个人基本信息：①人口学资料：年龄、性别、职业、文化程度、婚姻状况等。②一般体检状况：身高、体重、血压、血糖、血脂、肝肾功能、心电图等。③行为习惯及生活方式：饮食习惯、膳食结构、吸烟饮酒、运动锻炼情况等。④既往史与家族史：曾经患病情况，以及曾经发生过的生活事件等。家庭主要成员的疾患和目前身体健康情况。

(2)身体状况　了解康养者发病时间、自觉症状、诊断及治疗经过、用药情况、药物过敏情况、遵医嘱情况及血糖控制情况和自我血糖监测情况。

糖尿病临床诊断时，除依据临床症状多饮、多食、多尿、体重下降之外，还要结合以下几类监测指标：空腹血浆葡萄糖水平、任意时间血浆葡萄糖水平、餐后2h血糖值、口服葡萄糖耐量实验(OGTT)2h血糖值及糖化血红蛋白。

（3）心理卫生状况　通过交谈和测试，了解康养者的个性、情绪、压力、紧张度等心理卫生状况。

2. 康养者可能存在的问题

（1）血糖控制不良　血糖过高或血糖过低都会对疾病的康复造成影响。

（2）不合理的膳食　饮食控制对于糖尿病患者的康复至关重要。

（3）不合理的行为生活方式　有规律的体育锻炼能增加胰岛素的敏感性和改善糖耐量。体力活动相对减少，这样就可能形成热量堆积，而造成超重，血压升高，代谢异常。遵医嘱合理使用药物，可以控制好血压，减少并发症的发生。

（4）缺乏糖尿病相关知识　糖尿病虽然不能根治，但是通过饮食、运动、科学用药、心态平衡、定期监测血糖，可以使病情得到很好的控制。

（5）社会心理应激　糖尿病漫长的病程、严格的饮食控制容易使病人产生焦虑、抑郁等心理反应，对治疗缺乏信心。

3. 预期目标

（1）康养者的体重恢复并保持稳定，血糖、血脂控制情况好转。

（2）康养者行为生活方式有所改善。

（3）康养者掌握的糖尿病相关知识增加，能够进行糖尿病自我管理和自我血糖监测。

（4）康养者情绪相对稳定，心理承受能力增强。

（5）康养者并发症的发生率减少，生活质量提高。

4. 建立个性化的森林康养方案

根据每个康养者实际情况及兴趣爱好，在康养者的共同参与下制订个性化、综合性、连续性的森林康养方案。

（1）森林浴　每天上午日出后和下午日落前在林中步道步行或在林区静息，每次 30~60min，每天 2 次，步行的速度因人而异，快速为每分钟 120~124 步，中速为每分钟 110~115 步，慢速为每分钟 90~100 步，全身情况良好，病情较轻者可进行快速步行，其他患者视情况选用中、慢速步行。

（2）传统运动疗法　根据个人爱好，可选择林区富含空气负离子的区域做医疗体操、太极拳、太极剑、气功等，每次 30~40min，每天 2~3 次，最佳运动时间为餐后 1h；也可视体质情况选择在林中慢跑、骑自行车、划船、垂钓等运动；以有氧运动为主，保持中等负荷的运动强度，即以最大耗氧量（VO_2max）60% 的脉率为度。采用简易法：运动中的脉率 = 170 - 年龄，作为运动中脉搏的自我监测。避免过度疲劳和精神紧张的竞技比赛运动，运动时随身携带糖果，如运动中感到头晕、乏力、心悸等不适时应立即停止运动。

（3）作业疗法　作业疗法为组织糖尿病康养员进行栽树、种花草，或采摘野菜等，也可进行木工小制作，可视情况每周1~3次。

（4）温泉浸浴疗法（也称温泉浴）　有条件者可于每天下午进行森林温泉浴，水温38~40℃，全身浸泡法（合并有糖尿病足者除外），每次15min。

（5）膳食疗法　膳食疗法为根据标准体重，在康养期间按轻体力劳动者计算食物总热量，给予每日总热量为每千克体重125.5~146kJ（30~35kcal），肥胖者酌减；每日三餐按1/5、2/5、2/5分配，食物中糖、蛋白质、脂肪的比例大致可为3:1:1，在控制总热量的基础上给予高碳水化合物、低脂肪、适量蛋白质、高纤维素饮食，碳水化合物约占饮食总热量的50%~60%，提倡用粗制米、面和一定量的杂粮。配合森林中的食材药材，结合中医辨证施治的原则，给予相应的药膳。

（6）健康教育　森林康养师通过各种方式对糖尿病康养员进行个性化的健康教育，使其对糖尿病的有关知识得到补充和进一步地了解，指导康养者自己正确地进行血糖、血压的监测。制定合理的一日作息制度及给予相关的饮食指导，指导其正确地用药并讲解相关康养方法。同时，结合森林康养员自身特点，合理而有计划地安排温泉浴、空气浴及森林作业疗法等辅助治疗方式，引导其进行有规律的运动锻炼。

（7）心理疏导　森林康养师定期给糖尿病康养员进行心理咨询，教导他们正确认识与对待糖尿病，保持平和心态，树立战胜疾病的信心，并积极参加治疗及康养。

（8）药物疗法　根据糖尿病康养员各自的情况，对饮食和运动疗法不能控制血糖的患者，继续药物治疗，注意药物疗效及不良反应。

5. 效果评价

（1）近期效果　通过康养数月后，康养者生活习惯及心理情绪控制情况，康养者对糖尿病的防治知识的知晓情况，自我监测血糖、血压、体重指数的技能掌握情况及血糖控制情况有所好转。此外，检查其血糖、体重、血压、血脂的变化，并与第一次相关检查结果进行比较分析，总结成功的经验和教训，修正康养计划和方法。

（2）远期效果　每个康养年度对康养者进行血糖控制评估，糖化血红蛋白在6.5%以下，为血糖控制理想，良好为6.5%~7.5%，糖化血红蛋白大于

7.5%表明血糖控制差。经过森林康养，血糖控制情况好转，并发症少，生活质量有所提高。

四、慢性阻塞性肺疾病

(一)慢性阻塞性肺疾病患者分析

慢性阻塞性肺疾病(chronic obstructive pulmonary disease，COPD)是一种以不完全可逆性气流受限为特征呈进行性发展的肺部疾病。COPD主要累及肺脏，病理改变主要为慢性支气管炎和肺气肿的病理改变，可进一步发展为肺心病和呼吸衰竭。COPD是呼吸系统疾病中的常见病和多发病，与有害气体及有害颗粒的异常炎症反应有关，患病率和致死率均很高，因肺功能进行性减退，严重影响病人的劳动力和生活质量。全球40岁以上发病率已高达9%~10%，且随年龄增长，发病率升高。

慢性阻塞性肺疾病的康养指征：慢性阻塞性肺疾病的稳定期，即病人咳嗽、咳痰、气短等症状稳定或症状轻微，没有出现肺部感染、呼吸衰竭等并发症。

(二)森林康养对慢阻肺患者的作用

1. 森林康养环境中空气的含氧量相对较高，研究表明，森林游憩活动(森林浴)可以显著提高人体的血氧含量和心肺负荷水平，森林游憩后，游人血氧饱和度平均升高0.81%，通气量降低0.81L/min，平均心率、最小心率和最大心率分别下降3.25、5.32和7.23bmp。一般来讲，血氧含量升高可以使人精神振奋，更富有活力，可以提高COPD患者的生活质量，而每分钟通气量、心率的降低，则能在一定程度上说明呼吸效率增强，心脏跳动渐趋平稳，从而改善心肺功能，对COPD患者极为有利。

2. 森林中空气负离子浓度高，据现代医学研究表明，利用负离子进行疾病疗法不仅能够使氧自由基无毒化，也能使酸性的生物体组织及血液和体液由酸性变成弱碱性，有利于血氧输送、吸收和利用，促使机体生理作用旺盛，新陈代谢加快，提高人体免疫能力，增强人体机能，调节机体功能平衡，这样可使COPD患者病情稳定，不易出现急性加重和并发症，可提高患者的生活质量，延长患者的生命。

3. 在优美的环境中，适度体育锻炼，如练气功、打太极拳、散步等活动，使人体内RBC-SOD活性增高，LPO的含量减少，使机体自由基清除系统中的酶维持在较高的功能状态，从而加强了机体对自由基的清除能力，减少自由基对组织的损伤，增强机体内环境的稳定和对外环境的适应能力，起到延缓衰老、促进代谢的作用。同时，适度的体育锻炼，呼吸肌肌力增强，特别是膈肌功能的改变，更加有利于肺通气功能的改善；据实验显示，森林对健康人肺功能具有较好的改善作用，尤以 FEV1，FEV1.0%、MVV（反应肺功能的指标）改变更加明显，促进人体身心健康。

4. 森林康养能提高人体 NK 细胞的活性和数量，增强免疫力；降低皮质醇、肾上腺激素等人体应激激素的水平；缓解心理紧张、增加活力，这样能提高 COPD 患者免疫状态、降低炎症水平、改善情绪状态。

综合这些作用，通过森林康养可阻止 COPD 患者病情发展，缓解或阻止肺功能下降，改善 COPD 患者的活动能力，提高其生活质量，降低死亡率。

（三）针对慢阻肺患者制定的森林康养菜单

1. 建立健康档案

（1）基本资料收集　采用统一的健康档案信息表和体检表收集个人基本信息：①人口学资料：年龄、性别、职业、文化程度、婚姻状况等。②一般体检状况：身高、体重、呼吸、心率、血压、血脂、血糖等。③行为习惯及生活方式：饮食习惯、吸烟饮酒、运动及睡眠情况等。④既往史与家族史：曾经患病情况和曾经发生过的生活事件等。家庭主要成员的疾患和目前身体健康情况。⑤了解康养者有无环境职业污染接触史及居住的环境状况。

（2）身体状况　了解康养者发病时间、自觉症状、慢阻肺疾病的诊断及治疗经过、用药情况、药物过敏情况、遵医嘱情况。评估康养者肺功能检查结果、胸部 X 线检查及血气分析的结果。

（3）心理卫生状况　通过交谈和测试，了解康养者的性格特征、生活与工作压力情况、紧张度等心理卫生状况。

2. 康养者可能存在的问题

根据收集到的信息，总结慢阻肺疾病康养者的健康问题一般分为以下四种。

（1）营养不良　由于呼吸功能降低，呼吸频率加快，再加上慢性咳嗽，可使热量和蛋白质的消耗增加，导致营养不良。研究证明，当 COPD 病人的 BMI $< 21kg/m^2$ 时其死亡率增加。

（2）不合理的生活方式　吸烟是慢阻肺重要的发病因素，吸烟者的肺功能的异常率较高，FEV1 的年下降率较快。被动吸烟也会导致呼吸道症状加重。

部分患者认为锻炼是一项耗体力、耗氧运动，本来已缺氧、气喘，再运动就会更加重缺氧，锻炼时心跳、呼吸加快，易产生疲劳，害怕诱发呼吸衰竭等并发症，导致活动过少，活动耐力下降。

(3)用药依从性差　服药不及时、漏服、不愿意服药，不能坚持长期治疗。

(4)不良的心理社会因素　由于这类疾病的病程比较长，康养者容易出现紧张、焦虑、烦躁等不良情绪，出现心理负担过重，情绪易激动，性情易暴躁等，也会影响疾病的治疗。

3. 预期目标

(1)康养者行为生活方式发生改变。

(2)康养者的营养状况得到改善。

(3)康养者心肺功能有所提高，活动耐力增强。

(4)康养者以积极的心态面对疾病，生命质量得到提高。

4. 建立个性化的森林康养方案

根据每位康养者实际情况及兴趣爱好，在康养者的共同参与下制定个性化、综合性、连续性的森林康养方案。

(1)森林浴　在适当季节，在9：00和16：00，在森林康养地设床榻或躺椅，以闲适的心情在林中坐卧0.5~1h；也可在林中平地上缓慢步行，每次10~30min，每天2次。

(2)传统运动疗法　传统运动疗法以打太极拳、练气功为主，每天1~2次，每次30~60min；也可指导患者进行腹式呼吸、缩唇呼吸等呼吸功能锻炼，腹式呼吸和缩唇呼吸每天训练3~4次，每次重复8~10次。

(3)作业疗法　安排COPD稳定期康养者参加养花种草等森林作业，以分散对疾病的注意力，缓解焦虑紧张的精神状态，但注意劳动的场地坡度不能太大，劳动时间和强度也要因人而异。

(4)膳食疗法　饮食予以高热量、高蛋白、富含维生素的食物为宜，少量多餐，避免进食产气食物，如豆类、马铃薯、胡萝卜等，再配以滋阴润肺的中药食材，根据个体的病情及体质进行食疗。

(5)心理疗法　由森林康养师给康养者作心理疏导，鼓励康养者消除焦虑、紧张、易激动的情绪，保持情绪稳定；组织康养者参加垂钓、下象棋、听音乐、打牌等活动，陶冶性情，提高生活质量。

5. 效果评价

(1)近期效果　经过2~3个月的康养，评估康养者体质指数、肺功能

（FVC、FEV1、FEV1/FVC）、血气分析等指标的变化，了解康养者的行为生活方式、活动量及活动耐力，情绪控制及自我管理能力的改变，并跟第一次评估及相关检查的结果进行对比分析，总结成功的经验和教训，修正康养计划和方法。

（2）远期效果　定期对康养者进行随访，了解康养者生活质量、活动耐力、肺功能情况，通过一年以上的康养，康养者的生活质量较前提高，肺功能及活动耐力增强，急性发作的次数减少，能够以积极的心态面对疾病。提高患者的生活质量，延长患者的生命。

五、慢性心衰

（一）慢性心衰患者分析

慢性心衰（chronic heart failure）即慢性心力衰竭，是多数心血管疾病的终末阶段，也是最主要的死亡原因。慢性心衰是由于慢性心脏病变和长期心室负荷过重，以致心肌收缩力减弱，导致心室充盈和（或）射血能力低下（心室血液排出困难，静脉系统瘀血，而动脉系统搏出量减少，不能满足组织代谢需要）而引起的一组临床综合征。特定的症状是呼吸困难和乏力，特定的体征是水肿，这些情况可造成器官功能障碍，影响生活质量。

根据心力衰竭的严重程度通常采用美国纽约心脏病学会的心功能分级方法，分为4级。Ⅰ级：患者有心脏病，但日常活动量不受限制，一般体力活动不引起过度疲劳、心悸、呼吸困难或心绞痛；Ⅱ级：心脏病患者的体力活动轻度受限制，休息时无自觉症状，一般体力活动引起过度疲劳、心悸、呼吸困难或心绞痛；Ⅲ级：患者有心脏病，以致体力活动明显受限制，休息时无症状，但小于平时一般体力活动即可引起过度疲劳、心悸、呼吸困难或心绞痛；Ⅳ级：心脏病患者不能从事任何体力活动，休息状态下也出现心衰症状，体力活动后加重。

慢性心衰的康养指征：慢性心衰的原发疾病，如冠心病、高血压性心脏病、风湿性心脏病等，病情稳定，心功能为Ⅰ～Ⅱ级者，可以进行森林康养。

（二）森林康养对慢性心衰患者的作用

研究证明，通过采取空气浴、经自然康养因子（空气负离子、氧、植物杀菌素、植物挥发物）、自然康养环境、运动疗法、膳食疗法和心理疗法等的综合应用，森林康养对慢性心衰患者达到以下4个方面的作用：第一，有助于改善心衰指标；第二，下调相关心血管发病因子的水平；第三，降低体内炎症水平/氧化应激水平；第四，改善患者不良情绪。作用机理基本同本节森林康养对冠心病患者的作用机理。

（三）针对慢性心衰患者制定的森林康养菜单

1. 建立健康档案

（1）基本资料收集　采用统一的健康档案信息表和体检表收集个人基本信息：①人口学资料：年龄、性别、职业、文化程度、婚姻状况等。②一般体检状况：身高、体重、血压、血脂、血糖等。③行为习惯及生活方式：饮食习惯、膳食结构、吸烟饮酒、运动及睡眠情况等。④既往史与家族史：曾经患病情况，有无心脏病基础，有无呼吸道感染、心律失常等诱发因素。了解家庭主要成员的疾患和目前身体健康情况。

（2）身体状况　了解康养者发病时间、自觉症状、疾病的诊断及治疗经过、用药情况、药物过敏情况、遵医嘱情况。评估患者的生命体征、临床症状、X射线、心肺功能、血液检查、血气分析等指标的变化。

（3）心理卫生状况　通过交谈和测试，了解康养者的性格特征、生活与工作压力情况、紧张度等心理卫生状况。

2. 康养者可能存在的问题

根据收集到的康养者的个人基本信息，身体及心理健康状况，提出康养者可能存在的问题。慢性心衰康养者常见的健康问题主要有以下几种。

（1）不合理的饮食　心衰患者应该限制钠盐的摄入。

（2）缺少运动锻炼　运动锻炼可以减少神经激素和延缓心室重塑的进程，对减缓心力衰竭病人自然病程有利，是一种能改善病人临床状态的辅助治疗手段。

（3）活动耐力下降　由于心功能降低，出现活动后不同程度的疲乏、心悸、呼吸困难等状况，导致活动耐力下降。

（4）用药依从性差　慢性心衰病程较长，容易出现服药不及时、漏服、不愿意服药，不能坚持长期治疗等用药依从性差的情况。

（5）不良的心理社会因素　由于这类疾病的病程比较长，康养者容易出现紧张、焦虑、烦躁等不良情绪，出现心理负担过重，情绪易激动，性情易暴躁等，也会影响疾病的治疗。

3. 预期目标

（1）康养者行为生活方式改变。

(2)康养者心功能好转，活动耐力增加。

(3)康养者能以积极的心态面对疾病，生命质量得到提高。

4. 建立个性化的森林康养方案

根据每个康养者实际情况及兴趣爱好，在康养者的共同参与下制订个性化、综合性、连续性的森林康养方案。

(1)森林浴 森林浴时间宜选在夏、秋季的日出后、日落前，一般在9：00和16：00。在森林康养地设床榻或躺椅，以闲适的心情在林中坐卧0.5~1h；也可在森林中平坦地带慢步，注意坡度不能太大，每次10~30min，每天2次。

(2)传统运动疗法 传统运动疗法以打太极拳、练气功为主，也可做医疗体操；体操以放松的、四肢运动为主，中间可穿插步行，不宜做腰肌锻炼和屏气动作，避免耗氧量大的运动如举重、快跑等，以免加重心脏负担。可逐渐增加时间，以免运动后引起不适，心率较运动前增加10~20次/min为正常反应。6 min步行试验可以作为制定个体运动量的重要依据。活动过程中要注意监测，若病人活动中有呼吸困难、胸痛、心悸、头晕、疲劳、大汗、面色苍白等情况时应停止活动。

(3)膳食疗法 饮食以清淡、易消化、富营养饮食为宜，限制钠盐、低盐、低脂、低胆固醇，多食蔬菜水果，同时科学搭配森林里的中药食材，药食同源，有针对性地进行食疗。

(4)心理疗法 通过森林康养师有针对地采取心理疏导、移情易志等疗法，帮助慢性心衰康养员寻求放松的方法，避免精神紧张、兴奋，指导康养员生活规律、睡眠充足。

(5)药物疗法 对伴有高血压的患者仍适当地选用降压药物。

5. 效果评价

(1)近期效果 经过2~3个月左右的康养，了解康养者的生活方式、饮食、运动、心理卫生等情况，评估其血脂、血压、症状、心肺功能、血气分析等指标的情况，并跟第一次评估及相关检查的结果进行对比分析，康养者生活方式有所改变，症状减轻，心功能得到改善，运动耐量有所提高。总结成功的经验和教训，修正康养计划和方法。

(2)远期效果 定期对康养者进行随访，了解康养者生活质量、活动耐力、心功能情况，通过一年以上的康养，康养者自我护理能力有显著改善，生活质量提高，住院次数、再次住院率减少，心肺功能改善和体质增强，提高康养者的生活质量，延长康养者的生命。

模块四　老年人群的方案设计

一、老年人分析

国际上通常把 60 岁以上的人口占总人口比例达到 10%，或 65 岁以上人口占总人口的比例达到 7% 作为国家或地区进入老龄化社会的标准。2000 年，中国开始进入老龄化社会，截至 2014 年年底，我国 60 岁以上老年人口已经达到 2.12 亿，占总人口的 15.5%。据预测，21 世纪中叶我国老年人口数量将达到峰值，超过 4 亿，届时每 3 人中就会有 1 位老年人。

1. 老年人的生理功能改变

(1)代谢与能量消耗改变　①合成代谢降低，分解代谢增高，尤其是蛋白质的分解代谢大于合成代谢。致器官、肌肉细胞和多种蛋白类酶的合成降低，而导致肌肉、器官及物质代谢功能下降，体成分发生改变。②由于老年人体内的瘦体组织(去脂组织)或代谢组织活性组织减少，脂肪组织相对增加，与中年人相比，老年人的基础代谢降低 15%~20%。

(2)人体结构成分的衰老变化　①身体水分减少，主要为细胞内液减少，影响体温调节，降低老年人对环境温度的适应改变。②细胞数量下降，突出表现为肌肉组织的重量减少，出现肌肉组织萎缩；器官细胞减少而器官体积减小，功能下降。③骨组织矿物质和骨基质减少，致骨密度降低，骨强度降低致骨质疏松和骨折。尤以绝经期妇女骨质减少最明显。老年人对葡萄糖、脂类代谢能力都明显下降，组织对胆固醇的利用减少，因而使脂类在体内组织及血液中积累，脂肪增多，血总胆固醇随之增加。

(3)各器官功能随着增龄而下降　①肝脏功能降低，致胆汁分泌减少及食物消化及代谢类相关蛋白类酶合成减少，进一步降低老人的消化功能和物质代谢。加上肾功能降低，影响到维生素 D 在肝脏和肾脏中的活化和利用。②胰腺分泌功能的降低，使老年人对糖代谢的调节能力下降，据研究估计，65~75 岁的约 40% 老年人糖耐量下降。③免疫组织重量减少和免疫细胞数量下降使老年人免疫功能降低而易罹患感染性疾病。老年人心率减慢，心脏搏出量减少，血管逐渐硬化，高血压患病率随年龄升高而增加。

2. 老年人的心理特点

(1)感知觉能力减弱　老年人视力、听力逐渐减退，使老年人和周围环境产生隔阂，可引起抑郁、淡漠、孤独等复杂的心理反应。

（2）记忆力下降　近期记忆减退明显，远期记忆力减退较慢。老年人对近期发生的事件常常遗忘，表现为丢三落四，对往事回忆准确而生动，故老年人喜欢念叨往事、留恋过去。

（3）智力特点　老年人注意力、感知觉整合能力和心智的敏捷度皆有所减退，而知识的广度、判断事物的能力不减退，故老年人学习能力下降，但根据积累的经验，处理问题的能力并不降低。

（4）性格特点　老年人的性格特点一般表现为主动性、灵活性、积极性降低，喜安静、惧孤独，不耐寂寞。

（5）希望健康长寿　希望看到社会的进步与儿孙们的茁壮成长是老年人的共同心愿，他们都希望自己有一个健康的身体，一旦生病则希望尽快痊愈，不留后遗症，不给后辈增加负担，尽可能达到延年益寿。

3. 老年人的森林疗养指征

适合森林疗养的老年人主要包括：一是从事各种不同职业或已离退休的健康老年人。二是从事各种不同职业或已离退休的亚健康老年人。三是疾病治愈或手术后已基本恢复正常，不需特殊治疗，生活能自理的老年人。四是增龄所致的老龄变化，未构成疾病者，如老年性脊柱后凸、肺活量及心排血量呈不同程度下降等。

二、森林康养对老年人群的作用

1. 森林康养中优美的环境、大量负离子、有氧运动等综合康养因子有助于调节大脑皮质功能失调，降低外周去甲肾上腺素源的神经递质水平，从而降低血压，促进并维持身体内环境平衡，使紊乱的神经系统特别是交感—肾上腺系统和迷走胰岛素系统功能恢复，从而提高心血管功能，使血管扩张，血压下降，减少心脑血管疾病的发病。

2. 森林中负离子浓度高，空气负离子又称为"空气维生素""长寿素"，能使气管黏膜上皮纤毛运动加强，腺体分泌增加，平滑肌张力增高，改善肺的呼吸功能，并具有镇咳平喘的功效；空气负离子能使脑、肝、肾的氧化过程加强，提高基础代谢率，促进上皮细胞增生，增加机体自身修复的能力，加速创面的愈合；能提高免疫系统的功能，增强人的抵抗力；能刺激骨髓的造血功能，对贫血有一定的疗效。这些功效都有利于老年人增强体质，延年益寿。

3. 在森林康养地优良的环境中，适度体育锻炼，如练气功、打太极拳、爬山等活动，使老年人体内 RBC-SOD 活性增高，LPO 的含量减少，使机体自由基清除系统中的酶维持在较高的功能状态，从而加强机体对自由基的清除能力，减少自由基对组织的损伤，增强机体内环境的稳定和对外环境的适应能力，起到延缓衰老，促进代谢的作用。

4. 森林康养中的劳动疗法，专门利用植物栽植、植物养护管理等园艺体验活动，可对老年人群进行心理疏导和调整，可以消除不安心理与急躁情绪，同时在森林中一同游憩和观赏，还能结识新朋友，拓展交际和朋友圈，在游玩中加以交流，可以使朋友之间的友谊得到升华，这样可以消除老年人惧孤独、不耐寂寞的负性心理，提高老年人的生活质量。

5. 森林康养能降低人体炎症介质水平，促进人体健康。

6. 森林康养通过植物挥发物和色彩对人体感官的刺激，有利于缓解紧张、保持头脑清醒，可以使老年人减少压抑感和疲劳、产生新鲜感，使老人心情愉悦，改善老人的不良情绪。

三．针对老年人群制定的森林康养菜单

(一)建立健康档案

1. 基本资料收集

采用统一的健康档案信息表和体检表收集个人基本信息。①人口学资料：年龄、性别、职业、文化程度、婚姻状况等、家庭类型。②一般体检状况：身高、体重、血压、血脂、血糖等。③行为习惯及生活方式：饮食习惯、膳食结构、吸烟饮酒、运动及睡眠情况等。④既往史与家族史：曾经患病情况，了解家庭主要成员的疾患和目前身体健康情况。

2. 身体状况

了解康养者的慢性病患病情况(高血压、冠心病、骨关节疾病等)、残疾或障碍情况、症状发生情况、辅助检查情况(血压、血糖、血脂、尿酸、肌酐等)、躯体功能评估和社会功能评估。

3. 心理卫生状况

通过交谈和测试，了解康养者的性格特征、生活压力情况、紧张度，有无焦虑、抑郁、孤独、寂寞等心理卫生状况。

(二)康养者可能存在的问题

1. 不良的行为生活方式

吸烟、酗酒、不合理饮食及缺乏运动等不良的行为、生活方式对老年人身体和心理健康均有不利的影响。

2. 生活自理能力下降

因老年人机体各项功能衰退、肌力较弱、反应较迟钝、动作协调能力较差等特点,再加上受各种慢性病的影响,老年人出现不同程度的生活自理能力下降。

3. 健康疾患、慢性疾病增多

随着年龄增加,各种生理功能减退,加上受长期不良行为生活习惯的影响,老年人出现各种疾患,影响老年人的身体健康。

4. 不良的心理因素

不良的心理因素直接影响躯体健康。

5. 生活质量下降

生活自理能力下降,各种疾患增多,慢性病增多均能影响老年人的生活质量。

(三)预期目标

1. 改善老年康养者行为生活方式。
2. 提高康养者保健防病方面的知识。
3. 降低康养者常见病的发病率。
4. 改善老年康养者的心理健康。
5. 提高老年人康养者对健康、疾病、死亡的认识。

(四)建立个性化的森林康养方案

根据老年康养者实际情况及兴趣爱好,在康养者的共同参与下制订个性化、综合性、连续性的森林康养方案。

1. 森林浴

一般宜在 9：00~10：00 和 16：00~17：00,根据自身的情况在森林步道或平地上散步、步行或慢跑,每次 15~30min,每天 2 次。

2. 传统运动疗法

老年人宜做耐力性的有氧运动,不宜做剧烈或对抗性强的运动,时间以清晨日出后最佳,餐后需间隔 2h 进行运动,运动后需休息 0.5h 才能进食。

运动疗法一般选择传统医疗体育锻炼：太极拳、气功、八段锦、五禽戏等，每次 30~60min，每天一次；也可根据老年人的健康状态，组织老年人爬山、划船、打门球等。运动前必须进行准备活动，使肌肉、关节放松；动作宜柔和，避免身体骤然前倾、后仰或低头弯腰、急剧弯腰、跳跃等动作，以防血压升高，发生心脑血管意外。老年人进行体育运动锻炼应掌握适当的运动量，应从轻微运动量开始，逐步达到中等运动量即可。简易的方法是按心率的变化来确定运动量：运动时最高心率(次/min) = 170 - 年龄。年龄过大，体质过弱者，心率以不超过每分钟 90 次为宜，除了观察心率外，同时注意老人的反应，以免运动后出现身体不适。重视运动卫生，运动场地宜选择地面平坦、树木较多的地方；运动中要保持心情愉快、轻松，避免紧张、激动等不良情绪；因老年人机体各项功能衰退、肌力较弱、反应较迟钝、动作协调能力较差等特点，在进行运动疗法和作业疗法时，要合理组织，最好集体锻炼，至少要有 2 人以上，在森林康养师的指导下进行，以防止运动中发生意外，保证安全。

3. 作业疗法

作业疗法通常组织老年人栽树、种花草，或采摘野菜等，也可进行木工小制作，可视情况每周 1~3 次。

4. 膳食疗法

膳食疗法为根据老年人健康情况及基础疾病的要求，有针对性地给予清淡、易消化、低热量、低蛋白质、富含维生素、纤维素饮食，再结合当地食材，根据药食同源原理，辅助老年人进行食疗。

5. 健康教育

森林康养师通过各种方式对康养者进行个性化的健康教育，使其对常见病的预防和监测有所了解。制定合理的一日作息制度及给予相关的饮食指导，指导慢性病老年人正确地用药并讲解相关康养方法。

6. 心理疗法

心理疗法为森林康养师定期与老年人交谈，了解老年人的心理，给予相应的心理疏导，组织老年人听音乐、唱歌、绘画、下棋等文娱活动，使老人能保持轻松愉快的心情。

(五)效果评价

1. 近期效果

经过 2~3 个月的康养，了解康养者的生活方式、饮食、运动、心理卫生等情况，评估其血脂、血压、血糖、体重、心肺功能、活动耐力、自理能力等指标的情况，并跟第一次评估及相关检查的结果进行对比分析，康养者生活方式有所改变，保健知识增加，运动耐量有所提高。总结成功的经验和教训，修正康养计划和方法。

2. 远期效果

定期对康养者进行随访，了解康养者生活质量、活动耐力、自理能力、健康疾患及各种慢性病发生进展的情况。通过一年以上的康养，康养者自理能力有显著改善，生活质量提高，各种疾患发生率降低，心肺功能改善和体质增强，康养者的生活质量提高。

模块五　更年期女性的方案设计

一、更年期女性分析

更年期对于女性来说，就是指卵巢功能由盛转衰的过渡阶段，包括绝经与绝经前后的一段时期。这时候，在生理和心理上会出现一系列的变化，女性体内激素分泌水平紊乱，被一系列的症状所困扰，严重影响女性的身心健康。常见的更年期症状主要有潮热出汗、疲乏和肌肉关节痛为主，其次为心悸、失眠、焦躁、眩晕、头痛等。少数更年期女性会出现感觉异常和皮肤蚁走感。在心理方面，容易出现焦虑、抑郁、注意障碍和情绪低沉等心理卫生问题。更年期的身体状态、心理状态和精神状态均需要特别注意，需要专业保健医生的管理来调整，通过强健身体，保持心理卫生，以良好的精神状态面对更年期的各种琐事。但是，现实中某些医院对于更年期女性的治疗只是停留在调节女性内分泌系统，而未指导女性健康生活方式，排解心理压力，所以即使内分泌水平达到一定的平衡，依然导致更年期女性表现出烦躁抑郁等症状，更有甚者胡乱服用精神药物来治疗。

适合森林康养的更年期女性主要包括：未患严重的急性疾病及慢性疾病的更年期女性。

二、森林康养对更年期女性的作用

1. 森林康养中优美的环境、大量负离子、有氧运动等综合康养因子有助于调节大脑皮质功能失调，促进并维持身体内环境平衡。

2. 森林中负离子浓度高，能使脑、肝、肾的氧化过程加强，提高基础代谢率，促进上皮细胞增生，增加机体自身修复的能力，加速创面的愈合；能提高免疫系统的功能，增强人体的抵抗力；改善大脑皮层的功能，振奋精神，消除疲劳，改善睡眠，增强食欲，兴奋副交感神经系统。

3. 森林康养中的劳动疗法，专门利用植物栽植、植物养护管理等园艺体验活动，可对更年期女性进行心理疏导和调整，可以消除焦虑的心理与急躁情绪，同时在森林中一同游憩和观赏，还能结识新朋友，拓展交际和朋友圈，这样可以帮助消除更年期女性的负性心理，提高生活质量。

4. 在森林康养地优良的环境中，适度体育锻炼，如练气功、打太极拳、爬山等活动，能够加强机体对自由基的清除能力，减少自由基对组织的损伤，增强机体内环境的稳定和对外环境的适应能力，起到延缓衰老，促进代谢的作用。

5. 森林康养通过植物挥发物和色彩对人体感官的刺激，有利于缓解紧张、保持头脑清醒，可以使更年期女性减少压抑感和疲劳、产生新鲜感，使更年期女性心情愉悦，改善不良情绪。

三、针对更年期女性制定的森林康养菜单

(一)建立健康档案

通过使用问卷调查、健康体检、测试量表等方法收集以下 3 个方面的信息：

1. 基本资料

①人口学资料：年龄、性别、职业、文化程度、婚姻状况等、家庭类型、退休与否、绝经与否。②一般体检状况：身高、体重、血压、血脂、血糖等。③行为习惯及生活方式：饮食习惯、膳食结构、吸烟饮酒、运动及睡眠情况等。④既往史与家族史：曾经患病情况，了解家庭主要成员的疾患和目前身体健康情况。

2. 身体状况

了解更年期女性康养者的主要症状(潮热出汗、疲乏和肌肉关节痛)、雌激素检测等检查结果、症状发生情况、治疗的经过、使用的药物。

3. 心理卫生状况

通过交谈、心理测试、自评量表等，了解康养者的性格特征、生活压力情况、紧张度，有无焦虑、抑郁、孤独、寂寞、情绪控制不良等心理卫生

状况。

(二)康养者可能存在的问题

1. 低雌激素相关疾病

以女性绝经前后由于雌激素水平波动或下降所致的植物神经功能紊乱为主，伴有神经、心脏症状的一组征候群，即更年期综合征。其主要临床表现为精神症状、神经症状、血管舒缩症状和心血管症状。

2. 慢性疲劳

更年期女性正处于社会、家庭、工作、生活的多重压力中，家务和职业的双重负担使女性长期处于慢性疲劳的状态之中。包括身体疲劳和心理疲劳。心理疲劳的大部分症状是通过身体疲劳表现出来的，慢性疲劳在更年期综合征心身性疾病中尤为突出。

3. 肥胖和超重

运动不足，静坐的生活方式不仅可做为独立的危险因素直接影响健康，而且更年期女性肥胖还是子宫内膜癌、乳腺癌的危险因素之一，同时肥胖还可以引发肌肉萎缩、肌力减退、关节功能障碍、骨质疏松及运动相关疾病。

4. 缺乏更年期保健知识

不同文化水平，不同职业的更年期女性会出现不同程度的更年期保健知识缺乏。对于更年期出现的一些症状和改变，如性欲下降、骨质疏松等，缺乏正确应对的方法，从而导致生活质量下降。

5. 不良的心理卫生状况

由于更年期女性雌激素水平紊乱，容易出现焦虑、抑郁、注意障碍和情绪低落等心理卫生问题。

(三)预期目标

1. 减少低雌激素相关性疾病的发生。
2. 增加康养者更年期保健、防病方面的知识。
3. 改善康养者生活方式，控制体重在正常范围。
4. 改善更年期女性康养者的心理健康。
5. 提高更年期女性康养者生活质量。

(四)建立个性化的森林康养方案

根据更年期女性康养者身体情况及兴趣爱好，在康养者的共同参与下制定个性化、综合性、连续性的森林康养方案。

1. 森林浴

一般宜在 9：00 ~ 10：00 和 16：00 ~ 17：00，根据自身的情况在森林步道或平地上散步、步行或慢跑，每次 15 ~ 30min，每天 2 次。

2. 传统运动疗法

选择的运动类型以有氧运动为主，如跳健身舞、做韵律操、瑜伽等。运动强度以轻到中等强度比较适宜。体育运动 3 ~ 4 次／周以上，每次运动时间 30 min 以上，进行全身力量型的肌肉锻炼，增加肌肉数量以提高代谢率；做好体重和腰围监测，实现将体重指数控制到 24 以下。

3. 膳食疗法

膳食疗法通常根据更年期女性健康情况及基础疾病的要求，有针对性地给予清淡、易消化、低热量、低蛋白质、高钙、富含维生素、纤维素饮食。此外，注意结合当地食材，根据药食同源原理，对森林康养者进行食疗。

4. 作业疗法

通常组织更年期女性康养者栽树、种花草，或采摘野菜等，也可进行木工小制作，可视情况每周 1 ~ 3 次。

5. 健康教育

森林康养师通过各种方式对康养者进行个性化的健康教育，使其掌握更年期保健知识，了解常见疾病及不适感的预防和监测。制定合理的一日作息制度及给予相关的饮食指导，指导更年期女性正确地用药并讲解相关康养方法。

6. 心理疗法

心理疗法为森林康养师定期与更年期女性进行交谈，了解康养者的心理，给予相应的心理疏导，进行放松训练指导，组织更年期女性康养者听音乐、唱歌、绘画或下棋等文娱活动，使康养者能保持轻松愉快的心情。

（五）效果评价

1. 近期效果

经过 2 ~ 3 个月的康养，了解康养者的生活方式、饮食、运动、心理卫生、不适症状、更年期保健知识知晓率等情况，评估其血常规、血脂、血压、血糖、体重、心肺功能等指标的情况，并跟第一次评估及相关检查的结果进行对比分析，康养者生活方式有所改变，保健知识增加，负性情绪有所减少，体重控制好转。总结成功的经验和教训，修正康养计划和方法。

2. 远期效果

通过一年以上的森林康养，康养者更年期综合征的症状得到缓解，自我保健及疾病防治知识增加，各种疾患发生率降低，情绪管理和放松技术水平提高，康养者的生活质量得到提高。

模块六　儿童和青少年的方案设计

一、儿童、青少年分析

儿童、青少年时期是身体和心理发育的关键时期，不同年龄的儿童青少年有不同的特点。儿童青少年可塑性比较大，但也容易受到外界的影响。

儿童、青少年主要健康问题，如近视、肥胖和心理问题的发生，其核心也是不良生活方式。如由于学习负担的压力，静坐时间长，户外活动少，长期由被动不良生活方式变为主动不良生活方式，并加以固化，导致儿童青少年近视、肥胖和心理问题的发生。同时，由于应试教育会加剧教师的不合理竞争，急功近利，许多学校甚至把学生考分和升学率同教师工资、奖金挂钩，导致教师之间竞争加剧，加重教师的心理压力；这种压力又转化到学生身上，学生难以体会到"教育温暖的阳光"，造成许多心理问题发生，极端的甚至自杀。健康是一种理念，健康生活方式是健康世界观的具体表现。儿童青少年世界观的可塑性很大，及时进行全面健康管理，形成健康的生活方式，对于儿童青少年形成健康世界观具有重要意义。

儿童青少年的康养指征：5 岁以上的儿童、青少年。

二、森林康养对儿童和青少年的作用

1. 儿童、青少年主要开展的是森林教育(forest education)。森林教育是指在林地环境里，为儿童或青少年提供亲身体验的机会，以此来培养他们自信心和自尊心的一种户外学习过程与实践。利用森林教育来平复心理创伤，孩子们把森林称为"能给予幸运的福袋"。针对犯有孤独症、多动症、厌学、手机控、游戏迷等孩子可以进行森林教育。森林教育颠覆了传统教学中过分灌输学科知识而忽视孩子的实践的理念，它注重让孩子从直接经验中获取知识，并在此基础上整合学科知识。

森林教育实质上就是对青少年进行的生命教育。它给予孩子们亲身经历、用感官去亲近大自然，呼吸到城市中难以寻觅的新鲜空气，怀抱绿色丛林带来的自由之感，从而激起他们保护自然、热爱自然，尊重生命之心。让孩子们在无约束的情况下，给予他们大胆思维创新的勇气，认识到只有靠自己双手创造出的事物、成功才是最有价值、最具说服力。让孩子们在与伙伴以及老师互动的过程中，培养他们的团队协作和互帮互助的精神，以及感受到来自别人的爱和学会如何爱别人，如何热爱生命，并懂得珍惜自己。

2. 森林中负离子浓度高，能使脑、肝、肾的氧化过程加强，提高基础代谢率，促进上皮细胞增生，增加机体自身修复的能力，加速创面的愈合；能提高免疫系统的功能，增强儿童青少年的抵抗力；改善大脑皮层的功能，振奋精神，消除疲劳，改善睡眠，增强食欲，兴奋副交感神经系统。

3. 森林中的绿色，不仅给大地带来秀丽多姿的景色，而且能通过人的各种感官作用于人的中枢神经系统，调节和改善人体的机能，给人以宁静、舒适、生气勃勃、精神振奋的感觉，进而增进健康。森林通常具有很高的绿视率，绿色的森林环境可以使人体的紧张情绪得到稳定，使血流减慢，呼吸均匀，并有利于减轻心脏病和心脑血管病的危害。此外，森林绿色环境还有助于缓解视疲劳，改善视力状况。森林环境可使儿童青少年疲劳的视神经得到逐步恢复，并能显著提高视力，有效预防近视。

三、针对儿童、青少年制定的森林康养菜单

(一)建立健康档案

1. 基本资料收集

采用统一的健康档案信息表和体检表收集个人基本信息。①人口学资料：年龄、性别、家庭类型。②一般体检状况：身高、体重、视力、胸围、肺活量等。③行为习惯及生活方式：饮食习惯、膳食结构、吸烟饮酒、运动及睡眠情况等。④既往史与家族史：曾经患病情况，了解家庭主要成员的疾患和目前身体健康情况。⑤了解康养者对健康的态度和保健知识的掌握情况。

2. 身体状况

通过体检获得个人的生理、生化信息，如身高、体重、血压、血脂、X射线、体能测试等，了解生长发育及身体健康状况。

3. 心理卫生状况

通过交谈和测试，了解康养者的性格特征、生活压力情况、紧张度，有无焦虑、抑郁等心理卫生状况。

(二)康养者可能存在的问题

1. 不良生活方式

生活方式包括饮食、工作学习、睡眠、运动、文化娱乐、社会交往等诸多方面。常见的不良生活方式包括过重的压力造成精神紧张、吸烟、过量饮酒、缺乏运动、过度劳累等，都是危害人体健康的不良因素。

2. 近视

静坐时间长，户外活动少，不合理的用眼及学习阅读姿势，容易引起儿童、青少年发生近视。

3. 肥胖

饮食上高脂肪、高蛋白食品的过度摄入，肥胖学生明显增多，肥胖从心理、患病风险、睡眠、运动能力等多方面对儿童青少年的健康造成危害。

4. 缺乏卫生保健知识

儿童青少年及其家属缺乏卫生保健知识，导致健康意识和健康知识水平较低。

5. 心理精神因素

学习压力重，精神压力大，与父母、老师、同学等社会交往出现障碍，儿童青少年容易出现各种心理问题。

(三)预期目标

1. 改善儿童青少年康养者行为生活方式。
2. 控制体重在正常范围。
3. 增强运动能力，提高身体素质。
4. 增加卫生保健知识。
5. 增强心理素质。

(四)建立个性化的森林康养方案

根据儿童、青少年康养者实际情况及兴趣爱好，在康养者及其家属的共同参与下制订个性化、综合性、连续性的森林康养方案。

1. 作业疗法

组织儿童青少年康养者栽树、种花草，或采摘野果等活动，可以使儿童青少年进一步亲近大自然，丰富生活经验，通过劳动过程中开展生命教育，激起他们保护自然、热爱自然，尊重生命之心，可视情况每周进行 1~3 次。

2. 拓展训练

森林中的拓展训练，是通过林中的集体活动，以同伴间相互影响的方式，实现个人成长，如登山、露营野餐或集体做"不倒森林"等游戏。在森林中一同游憩和观赏，在游玩中进行交流，可以促进家庭和睦，拉近孩子与父母之间的距离，也可以使青少年朋友之间的友谊得到升华。

3. 运动疗法

森林中的运动疗法，是在富含负离子的森林中进行运动，除了提高运动能力外，还可以增强免疫力。世界卫生组织推荐 5～17 岁儿童、青少年每天应累积参加至少 60min 中等到大强度的体力活动，以有氧运动为主，同时为锻炼肌肉骨骼系统，每周应参加力量型体力活动至少 3 次。可选择步行、跑步、游泳、球类运动、器械运动等，以提高运动能力，提高身体素质。

4. 膳食疗法

森林食品具有无公害、纯天然、无污染、不可替代性以及营养、保健和医疗价值高的特点。儿童青少年宜食用富含蛋白质、糖类、膳食纤维、维生素、多种氨基酸和多种矿质元素的食品，并且对其进行营养学知识教育，引导其不偏食、不挑食。

5. 健康教育

森林康养师通过各种方式对儿童、青少年及其家属进行个性化的健康教育，制定合理的一日作息制度及给予相关的饮食指导，指导其用眼卫生，卫生保健及常见疾病的预防和治疗的方法。引导儿童、青少年改变不良的行为生活方式。

6. 心理疗法

通过森林康养师有针对地采取心理疏导、移情易志等疗法，帮助儿童、青少年寻求放松的方法，尤其对于青春期康养者，避免精神紧张、兴奋，指导康养者规律生活、睡眠充足。

(五)效果评价

1. 近期效果

经过 2～3 个月的康养，了解儿童、青少年康养者的生活方式、饮食、运动、心理卫生等情况，评估其体重、心肺功能、活动耐力、视力等指标的情况，并跟第一次评估及相关检查的结果进行对比分析，康养者形成健康的生活方式，保健知识增加，运动能力有所提高。总结成功的经验和教训，修正康养计划和方法。

2. 远期效果

定期对康养者进行随访，了解康养者生长发育、体重、运动能力、健康疾患发生的情况。通过一年以上的康养，康养者运动能力有显著改善，免疫力增强，身体素质提高，近视、肥胖的发生率降低。心理方面，积极向上，抗压能力增强。形成正确的健康观，降低现在和成年期的疾病风险。

模块七　癌症患者的方案设计

一、癌症患者分析

癌症(cancer)是一大类恶性肿瘤的统称。癌症的病因目前尚未完全明确，医学家分析癌症的可能病因：机体在环境污染、化学污染(化学毒素)、电离辐射、自由基毒素、微生物(细菌、真菌、病毒等)及其代谢毒素、遗传特性、内分泌失衡、免疫功能紊乱等各种致癌物质、致癌因素的作用下导致身体正常细胞发生癌变的结果，常表现为局部组织的细胞异常增生而形成的局部肿块。据估计约80%以上的癌症与环境因素有关。

癌症是一种严重威胁生命的疾病，目前虽然已经有一些治疗方法，但病死率还是排列在第1、2位，其主要原因是癌症的复发和转移，因为初愈的癌症病人在经过手术、长期的放疗化疗后身体损伤很大，免疫力低下，此时在身体内残存、潜伏的肿瘤细胞特别容易死灰复燃，引起复发和转移。据报道，有氧运动能够提高身体的免疫能力和身体的机能状况，防止癌症的复发和转移引起的免疫抑制反应和氧化损伤的情况。

癌症患者的康养指征：癌症患者在接受手术、放疗、化疗后的恢复期，或晚期癌症患者不宜手术治疗者可采用森林疗养。

二、森林康养对癌症患者作用

森林康养对癌症恢复期患者的作用机理包括以下6个方面：

1. 森林浴能防治癌症，人体内有一种免疫细胞称为自然杀伤细胞(Natural Killer cell，NK)，简称NK细胞。现有大量研究表明，NK细胞能够诱发癌细胞的凋亡，NK细胞活性高的人，癌症发生率低。研究发现，森林浴之后，在人体血液中，不仅NK细胞活性得到显著提高，颗粒酶、穿孔素等抗癌蛋白的数量也大幅增加。这就为"森林浴预防癌症"提供了最直接、最有力的证据。

2. 森林浴富氧环境的运动能使人体内处于"弱碱性环境"的状态下，癌细胞是无法生长，甚至是无法生存的。森林康养地森林覆盖面广，不断地释放氧和吸收二氧化碳，森林中空气富含氧气，有研究表明，"缺氧"是癌症、心脏病以及严重损害人类健康的变质性疾病的主要原因，如果人在缺氧环境下运动，酸性物质就会在体内不断堆积，量变引起质变，疾病就会产生。肿瘤细胞的生长环境表现为细胞外呈酸性，pH 值为 6.85 ~ 6.95，细胞内呈中性或偏碱性的特殊微环境。研究表明，弱酸性体液微环境有利于肿瘤细胞的增殖、侵袭和转移。由于森林中植物的光合作用，可自动调节氧气和二氧化碳在空气中的比例，这种环境使患者进行慢跑、打太极拳等有氧运动时不会产生过多的酸性物质，使人体处于"弱碱性环境"，有利于防治癌症。

3. 有氧运动对癌症患者恢复期的作用表现：①有氧运动能诱发 CD_{16}^+ 细胞双倍转移，且其溶解活性有所增加，提高全身免疫功能，帮助控制癌症及其治疗引起的免疫抑制反应和氧化损伤的情况；同时能显著改善 NK 细胞溶解活性和单核细胞功能，不利于癌细胞的生长。②一定时间的有氧运动能够减轻癌症患者术后恢复期的恶心、疲劳等症状，对癌症患者的恢复有积极作用。

4. 森林康养地空气中负离子浓度高，森林环境中的负离子具有防治癌症的作用。量子医学认为，癌症的病源不是细胞本身的病变，而是电子运动的异常，即量子平衡失调引起的，如果能输入负离子，提供大量负电子，中和正离子提高免疫细胞活力，就可以终止连锁反应及基因突变，而制止癌症的发生。负离子还能直接促进人体的 NK 细胞、T 细胞等免疫细胞的增长，提高人体的免疫力，消灭癌细胞。

5. 森林中的植物杀菌素和植物挥发物能杀灭微生物和吸附尘埃，使癌症患者能在安全的环境中运动，这样才能达到有氧运动增强免疫力、减轻症状的效果，才能够避免身体内残存、潜伏的肿瘤细胞死灰复燃，引起复发转移，从而提高患者的生存率。

6. 森林康养地优美的景观、植物芳香和绿视率，可调节大脑皮质活动和心理状态，从而提高机体的代谢功能、免疫功能和对环境的适应能力，达到消除紧张情绪和疲劳、增强体质，使人心情愉快、食欲增加、睡眠改善，起到祛病强身的作用。

三、针对癌症患者制定的森林康养菜单

(一)建立健康档案

通过使用问卷调查、健康体检、测试量表等方法收集以下 3 个方面的信息:

1. 基本资料

①人口学资料:年龄、性别、职业、文化程度、婚姻状况等、家庭类型;②一般体检状况:身高、体重、血压、血脂、血糖等。③行为习惯及生活方式:饮食习惯、膳食结构、吸烟饮酒、运动及睡眠情况等。④既往史与家族史:曾经患病情况,了解家庭主要成员的疾患和目前身体健康情况。

2. 身体状况

了解癌症康养者疾病的诊断、治疗经过、放疗化疗次数及用药的情况;目前主要的症状,症状发生的诱因及缓解的方式,并评估其各项体征及各种检查结果。

3. 心理卫生状况

通过交谈、心理测试、自评量表等,了解康养者的性格特征、生活压力情况、紧张度,有无焦虑、抑郁、恐惧、情绪控制不良等心理状况。

(二)康养者可能存在的问题

1. 不良的行为生活方式

部分患者对饮食、卫生和休息不够重视,吸烟、酗酒、运动过少、过度疲劳等行为均不利于机体的恢复。

2. 睡眠不足

癌症康养者受疾病及不良情绪的影响,会出现不同程度的睡眠障碍,引起睡眠不足。

3. 疼痛

疼痛是晚期癌症患者最常见的症状和痛苦,持久而剧烈的疼痛严重影响患者的生活质量。

4. 情绪障碍

癌症是一种强应激源,一个人一旦被确诊为癌症,难免会惊恐万分、哀伤至极,产生恐惧、绝望心理,甚至有轻生念头和自杀行为。癌症患者在诊断、治疗、恢复、死亡等阶段均可出现心理危机。癌症患者的心理过程主要

经历震惊、怀疑、愤怒、忧郁、磋商、适应，其主要情绪障碍表现为对自身疾病的否认、恐惧、怨恨、沮丧、焦虑、对抗治疗、接受、期待等。

(三)预期目标

1. 改善不良行为生活方式。
2. 保持情绪稳定。
3. 延长生存期。
4. 提高康养者生存质量。

(四)建立个性化的森林康养方案

根据癌症恢复期康养者实际情况及兴趣爱好，在康养者及其照顾者的共同参与下制订个性化、综合性、连续性的森林康养方案。

1. 森林浴

每天9：00~10：00和16：00，在林中步道上散步，根据病人的体质每次步行30~60min，速度不宜过快，时间可以逐渐增加，每天2次。

2. 传统运动疗法

森林中的有氧运动可选择气功、太极拳、瑜伽或医疗体操，具体方法为每天在森林康养地负离子浓度高的区域，患者根据自己的喜好，跟随森林康养师练气功或打太极拳，或练瑜伽，每次60min，每天1次。

3. 作业疗法

劳动疗法通常组织癌症恢复期患者进行栽树养花或采野菜等森林劳动，每周进行1~2次。

4. 膳食疗法

饮食予以清淡、易消化、富含蛋白质的食物，选择甲鱼、蘑菇、大蒜等有抗癌作用的食物，再根据每个患者的具体情况根据中医辨证施治，充分利用当地无污染的食材，搭配能增强抵抗力的养阴益气生津的中药食材煲汤，予以辅助食疗。

5. 心理疗法

心理疗法是森林康养师定期给癌症恢复期康养员做心理咨询，给予相应的心理疏导，讲解情绪与疾病的内在联系，消除他们焦虑恐惧心理；每天组织康养者听轻音乐、下棋、打牌或绘画等文娱活动，以分散对疾病的注意力，保持情绪稳定。

(五)效果评价

1. 近期效果

经过 2~3 个月的康养，了解癌症恢复期康养者的生活方式、饮食、运动、睡眠、疼痛、心理卫生等情况，评估其体重、活动耐力、各种检查结果等指标的情况，并跟第一次评估及相关检查的结果进行对比分析，康养者生活方式有所改变，保健知识增加，活动耐力有所提高。总结成功的经验和教训，修正康养计划和方法。

2. 远期效果

定期对康养者进行随访，了解康养者生活质量、活动耐力、自理能力、疾病的发展等情况。通过一年以上的康养，帮助康养者重建生理机能，保持积极的心理状态，延长其生存期，提高生存质量。

模块八　健康管理

一、相关概念介绍

1. 健康

世界卫生组织关于健康的定义："健康不仅仅是没有疾病或病痛，而且是一种身体上、心理上和社会适应上的完好状态。"

2. 疾病

疾病（disease）是指机体在外界致病因素和体内某些因素的作用下，因自稳态调节紊乱而发生的生命活动障碍过程。

3. 亚健康

亚健康状态是指介于健康与疾病之间的身体功能低下状态。此时机体处于非病、非健康有可能趋向疾病的状态，故有学者称为诱发病状态。

4. 健康管理

在现代生物—心理—社会医学模式下，以健康概念为核心（生理、心理和社会适应能力），通过采用医学和管理学的理论、方法和技术，对个体或群体健康状况及影响健康危险因素的全面检测、评估与干预，科学有效地调动社会资源，实现全人全程全方位的医学服务，达到以最小成本预防疾病发生、控制疾病发展、提高生命质量、获得最优效益的学科

5. 森林康养健康干预计划

森林康养是国际新型休闲康养理念，通过依托优质的森林资源，将医学和养生学有机结合，开展森林康复、疗养、休闲等一系列有益人类身心健康的活动。

基于个体的健康干预计划是指由社区医生、家庭医生或者是健康管理机构根据其服务对象的个体特点和要求，量身打造的健康干预计划，针对性强。

森林康养健康干预计划则是在森林的环境和背景下收集和分析个人健康信息，根据服务个体的特点与要求结合优质森林资源制订出的健康干预计划。

二、具体实施步骤

(一)收集健康信息

个体健康评估需要全面收集个体健康相关信息，根据收集的信息综合评估其健康干预需求，健康信息收集表格见表 2-1。需要收集的信息包括以下五类：

1. 个体的社会人口学特征

①个人情况：姓名、年龄、性别、民族、文化程度、婚姻状况、收入、职业、医疗费用支付方式等。②家庭情况：如家庭成员与本人关系，家庭人口数，是否一同居住，家庭经济条件、家庭居住条件等。

2. 个人疾病史及家族史

①本人病史：如是否患有高血压、高血脂、糖尿病、哮喘、结核病、肝炎、恶性肿瘤等；是否有过敏史、过敏原；是否有伤残，伤残情况；是否有精神疾病史；是否有遗传疾病；目前用药情况等；②家族史：家庭成员特别是亲属是否患有糖尿病、高血压、精神疾病、遗传疾病、结核病、肝炎、恶性肿瘤等。

3. 行为生活方式

①吸烟情况：是否吸烟、吸烟量及开始吸烟年龄等；②饮酒情况：饮酒量、饮酒频次、饮酒种类等；③饮食情况：饮食成淡程度、油腻程度、每日饮水量、每天是否饮用奶或奶制品、是否荤素搭配等；④运动情况：每次运动锻炼时间、运动锻炼频次、运动方式等；⑤职业暴露情况：是否存在有毒、有害物质的职业暴露，有毒有害物行业从业年限、本人使用防护设施情况，工作环境职业防护情况等。

4. 心理情况

通过询问和心理量表测量，确定其人格类型、心理特征，是否存在焦虑、抑郁等心理问题。

5. 体检结果

身高、体重、腰围、臀围、腰臀比、BMI；心率、血压、血脂、血糖；尿常规、便常规、心肺功能、肝肾功能等。

（二）根据信息收集情况进行分组，收集健康信息，建立健康档案

例如，按年龄分组：①童年组：0～6岁；②少年组：7～17岁；③青年组：18～40岁；④中年组：41～65岁；⑤老年组：66岁以后。

填写个人基本信息表，建立信息档案，按照分组特点有针对性的开展健康评估和健康指导

（三）个体健康评估

对健康档案中的个体进行健康评估（体格检查及测量），做出健康风险评估，具体评估开展方法见表2-2至表2-4。不同的组别评估应与该组别的特点相符。童年组及少年组：应重点关注其各项身体发育指标，各种营养素是否缺乏等；青年组：则重点关注其生活方式是否健康；中年组：重点关注其血脂、血糖、血压等血生化指标，是否有高血压、糖尿病、冠心病等疾病，同时注意做好恶性肿瘤的筛查工作；老年组：重点筛查高血压、糖尿病、冠心病、前列腺疾病等老年性疾病，关注其治疗及康复情况。如填写针对老年组设计的问卷（表2-5）。

（四）分组指导

根据评估结果对于个体进行特征性的针对性的健康指导并评价指导效果，（表2-6、表2-7），从营养指导、体力活动指导、不良生活方式指导及用药指导等。以老年组为例介绍健康指导如何展开，填写针对老年组设计的问卷（表2-5）。

1. 老年人营养指导

人体老化是个体遗传因素和环境因素相互作用的结果。而影响老化过程的环境因素中，个体的膳食营养可能是最重要的因素之一。近50多年来，大量研究表明，限制膳食热量的摄入，可延缓衰老过程；另一方面，不合理膳食是许多老年人罹患常见慢性疾病的主要危险因素之一。

肥胖、营养不良及液体摄入不当是老年人存在的主要营养问题。肥胖是

糖尿病、心血管病及某些恶性肿瘤的重要危险因素。

由中国营养学会 2011 年修订的《中国居民膳食指南》，根据我国人群的饮食习惯及国内外营养学研究结果，提出了合理膳食的 10 条建议：①食物多样，谷类为主，粗细搭配；②多吃蔬菜水果和薯类；③每天吃奶类、大豆或其制品；④常吃适量的鱼、禽、蛋和瘦肉；⑤减少烹调油用量，吃清淡少盐膳食；⑥食不过量，天天运动，保持健康体重；⑦三餐分配要合理，零食要适当；⑧每天足量饮水，合理选择饮料；⑨如饮酒应限量；⑩吃新鲜卫生的食物。此外，该指南针对老年人合理膳食，提出了以下 3 条主要原则(图 2-1)。

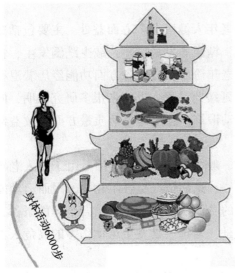

烹调油：25~30g
食盐：6g

奶类及奶制品：300g
大豆类及坚果：30~50g

鱼：40~75g
畜禽肉：40~75g
蛋类：40~50g

蔬菜类：300~500g
水果类：200~350g

谷薯类：250~400g
其中全谷类和杂豆类：50~150g
薯类：50~100g

身体活动6000步

图 2-1　平衡膳食宝塔

(1)食物要粗细搭配、松软、易于消化吸收。老年人消化器官生理功能有不同程度的减退，咀嚼功能和胃肠蠕动减弱，消化液分泌减少，因此，老年人选择食物要粗细搭配，食物的烹制宜松软，易于消化吸收，粗粮含丰富的B 族维生素、膳食纤维、钾、钙、植物化学物质等。老年人以谷类为主、粗细搭配，每天最好能摄入谷类 200 ~ 300g，其中粗粮、杂粮 50 ~ 100g。

(2)合理安排饮食，提高生活质量，家庭和社会应从各方面保证老年人饮食质量、进餐环境和进食情绪，使其得到丰富的食物，保证其需要的各种营养素摄入充足。

(3)视预防营养不良和贫血　老年人由于生理、心理和社会经济情况的改变，可能因摄取的食物量减少而导致营养不良。另外，随着年龄增长而体力活动减少，并且由于牙齿、口腔问题和情绪不佳，可导致食欲减退，能量摄入降低，必须营养素摄入减少，而造成营养不良。65 岁以上老年人低体重、贫血患病率也远高于中年人群。

液体摄入在老年人中是一个容易被忽视但又有特殊重要性的问题。老年人肾功能减退，且常患有多种慢性疾病，水分摄入过多可加重心脏负担。但同时，老年人口渴感减退，脱水是一个常见问题。国外有研究表明，脱水是导致住院老年患者意识障碍的最常见原因。一般推荐老年人每日摄水量应维持在约 30mL/kg。

2. 老年人运动指导

适当而有规律的运动对促进老年人健康有多方面益处、主要包括减少瘦体重丢失，降低冠心病、高血压、糖尿病发病风险，减少跌倒发生，特别是可减少抑郁及延缓功能性减退。老年阶段，身体各方面功能经历着退行性变化，运动锻炼的最大益处是可以延缓此过程。近年来很多研究表明，同非老年人比较，老年人参加适当的运动锻炼，在提高生活质量方面的效益甚至更为明显。

老年人的身体活动推荐量与一般成人基本一致。但是由于进入老年阶段后，不同个体衰老的进程快慢不一，患病情况也各不相同，因而运动能力的高低差异更大。因此，对老年人的身体活动指导更需结合个体的条件，强调以相对强度来控制体力负荷。此外，老年人是发生运动伤害的高危人群，更需采取相应的防范和保护措施。

（1）老年人身体活动的目标　老年人身体活动的目标包括：改善心肺和血管功能，提高摄取和利用氧的能力；保持肌肉力量、延缓肌肉量和骨量丢失的速度；减少身体脂肪的蓄积和控制体重增加；降低跌倒发生的风险；调节心理平衡，减慢认知能力的退化，提高生活自理能力和生活质量；防治慢性病等。

（2）老年人身体活动的内容

① 有氧运动　参加步行等传统有氧运动的同时，鼓励老年人参加日常生活中的身体活动，如园艺、旅游、家务劳动、娱乐等。对于高龄及体质差的老年人，不需强调锻炼一定要达到中等强度，应鼓励老年人靠运动的积累作用和长期坚持产生综合的健康效应。

②抗阻力活动　健康老年人可通过徒手或采用哑铃、沙袋、弹力橡皮带和拉力器等抗阻力活动增加肌力。对体弱或伴有骨质疏松症以及腹部脂肪堆

积者，还可采用弹力橡皮带进行腰背肌、腹肌、臀肌和四肢等肌力训练。肌力训练的动作可分组进行，每组的动作不宜过多、阻力不宜过大，中间休息时间长短根据体力情况确定。进行上述运动时，应以大肌肉群运动为主，抗阻力活动过程中用力应适度、避免憋气，以控制血压升高的幅度，预防发生心脑血管意外。一般每周应做两次肌力训练，也可隔天进行。

③功能性身体活动　有氧活动、肌力锻炼、关节柔韧性、身体平衡和协调性练习都可作为功能性活动的内容，如广播操、韵律操和专门编排的体操等均含有上肢、下肢、肩、臀、躯干部及关节屈伸练习。各种家务劳动、舞蹈、太极拳等也包含功能性活动的成分。

（3）老年人身体活动量

①强度　老年人身体健康状况和运动能力的个体差异较大，计划身体活动强度宜量力而行。对于体质好的老年人，可适当增加运动强度，以获得更多的健康效益。

②时间　老年人有更多的时间从事运动锻炼，建议每天进行 30 ~ 60 min 中等强度的身体活动。如果身体条件允许，可进行更长时间的锻炼。如进行大强度的锻炼，时间可以减半。老年人的身体活动时间也可以 10 min 分段累计。

③频度　老年人的运动频度与一般人的推荐一致，即鼓励每天都进行一些身体活动，并根据个人身体情况、天气条件和环境等调整活动的内容。

（4）老年人身体活动注意事项

①老年人参加运动期间，应定期做医学检查和随访。患有慢性病且病情不稳定的情况下，应与医生一起制定运动处方。

②感觉和记忆力下降的老年人、应反复实践掌握动作的要领，老年人宜参加个人熟悉并有兴趣的运动项目。为老年人编排的锻炼程序和体操，应偏重动作简单，便于学习和记忆。

③老年人应学会识别过度运动的症状。运动中，体位不宜变换太快，以免发生直立性低血压。运动指导应注意避免老年人在健身运动中的伤害。

④对体质较弱和适应能力较差的老年人，应慎重调整运动计划，延长准备和整理活动的时间。

⑤合并有骨质疏松症和下肢骨关节病的老年人，不宜进行高冲击性的活动，如跳绳、跳高和举重等。

⑥老年人在服用某些药物时，应注意药物对运动反应的影响。如美托洛

尔和阿替洛尔等会抑制运动时心率的增加。

3. 老年人用药指导

根据医嘱，指导用药。

（五）重点人群与疾病的健康管理

2011 年我国原卫生部发布的《国家基本公共卫生服务规范》中，包括健康教育服务规范、预防接种服务规范、0~6 岁儿童健康管理服务规范、孕产妇健康管理服务规范、老年人健康管理服务规范、城乡居民健康档案管理服务等内容。该文件中指出的"健康管理"主要包括：健康状况评估；疾病预防、筛查和早期诊断；健康生活方式（如合理的营养、正常的身体活动、心理卫生的指导和推广）。

前面已经以老年组为例介绍了如何开展老年组的健康管理。本章节则将以冠心病为例介绍对于老年组中筛查出来的疾病如何进行管理。

1. 冠心病的风险评估

填写并完成冠心病风险评估表（表 2-8）

2. 建立冠心病患者健康档案

上述个体中有严重心律失常或可疑性心绞痛，且其他原因可解释并有下列三项中两项者：高胆固醇血症；休息时或运动后心电图可疑心肌缺血；40岁以上。建议该个体转上一级医院确诊，健康管理人员在 2 周内随访转诊结果，如确诊为冠心病，则将该个体纳入冠心病患者的健康管理，建立冠心病健康档案。

3. 冠心病患者的健康教育

（1）出现以下情况，要及时就医，尽早发现冠心病：

①心绞痛　一般在劳累、体力活动、情绪激动、寒冷及进食过饱时出现，常为胸骨后或心前区闷痛，或紧缩样疼痛，严重时可出冷汗，并可放射到左肩或左臂内侧，每次发作持续时间约 3~5min，休息或舌下含用硝酸甘油后可自行缓解。

②心律失常　当心绞痛或急性心肌梗死时，由于心肌缺血，可发生各种心律失常，常见的心律失常有室性早搏、室性心动过速、房室传导阻滞等。病人常有心悸、头晕、眼花、脉搏间歇等表现，严重者可发生心室纤颤，病人意识丧失、抽搐，如不及时抢救易导致死亡。

③心肌梗塞　由于冠状动脉某一分支急性闭塞所致，一般在发病前 1~2周内，病人心绞痛的次数增加，每次疼痛持续的时间延长，疼痛的程度加重，

含服硝酸甘油不能缓解，而且症状加剧，恐有转为心肌梗塞的可能。这时患者可有剧烈的心前区疼痛，持续时间长，可达 30min 至数小时之久，患者往往有濒死感，同时有头晕、眼花、出冷汗。有些人还可有上腹疼痛和恶心、呕吐。老年人发生心肌梗死时一般无剧烈的疼痛，病人突然出现胸闷发憋、心律失常、呼吸困难、大汗淋漓。持续不能缓解，亦有可能转为心肌梗死。

（2）冠心病病人的应急处理

冠心病病人常在家中发生心绞痛、心律失常，严重时还可发生心肌梗塞或猝死。因此，病人自己及家属掌握一些急救常识是非常重要的。

①在家中发病时，应立即打电话通知"120"或附近医疗单位，请其前来急救。

②要让病人就地卧床休息，保持安静，不要乱加搬动。病人若十分烦躁，过分紧张，则可给其口服安定药镇静，减少心脏负担，并立即给其口含硝酸甘油 1 片，如无效，还可加量口服 1 片。

③病人一旦发生猝死，呼吸心跳骤停，就要立即进行心肺复苏，以挽救生命。

（3）冠心病病人应注意的 8 类状况

①坚持长期服药，不突然停药，定期就诊复查。

②生活要有规律，避免精神过度紧张和情绪波。

③合理膳食，低盐低脂饮食，限制食盐，每日 5g 以下，少吃动物脂肪和胆固醇含量高的食物，如蛋黄、鱼子、动物内脏等，多吃鱼、蔬菜、水果，豆类及其制品。糖类食品应适当控制避免多饮浓茶及咖啡等，饮食不宜过饱，提倡少食多餐；保持排便通畅，防止便秘。

④参加适当的体力劳动和体育活动，如散步、打太极拳、做广播操等。

⑤肥胖者要逐步减轻体重。

⑥治疗高血压、糖尿病、高脂血症等与冠心病有关的疾病。

⑦不吸烟，不酗酒。

⑧常备缓解心绞痛的药物，如硝酸甘油片，以便应急服用。若持续疼痛或服药不能缓解，应立即送医院急诊。

（4）心理指导

①保持良好心态，因精神紧张、情绪激动、焦虑不安等不良心理状态，可使体内儿茶酚胺释放增多，心率加快，心脏负担加重，诱发和加重病情。

②对于心肌梗塞的病人，克服其焦虑、恐惧等情绪更为重要。因为疾病

的危急症状使病人产生濒死感，再则进入重症监护室与亲人的隔离，多种仪器、设备的影响都使病人极度紧张、恐惧、焦虑，故护士应从多方面指导病人，改变这不良的心理状态，让病人暂不考虑工作、家庭繁杂事物，使心情完全放松，安心治疗，以最佳心理状态，渡过危险期。

（5）休息、活动指导

严格按照医务人员指导进行。

①心绞痛发作时立刻休息，发作频繁者卧床休息。

②心肌梗塞病人必须保持环境绝对安静，严格限制探视和不良刺激。

③心肌梗塞后1周内绝对卧床休息，一切日常生活由他人护理。以降低心脏耗氧，防梗塞范围扩大；无严重并发症者，第2周可在床上做肢体被动运动，第3周在床边活动，第4周可在室内活动。

（6）护理方法指导

保持大便通畅，不要用力排便。因用力排便时腹压增高，使回心血量增加，加之屏气、用力，使心脏耗氧量增加、负担加重。心肌梗塞病人更应积极预防便秘，如采用开塞露、缓泻剂等，必要时可行温盐水低压灌肠，使大便易于排出。

（7）用药指导

①硝酸甘油是缓解心绞痛的首选药，应指导病人正确的用药方法：如心绞痛发作时可用短效制剂1～2片舌下含化，通过唾液溶解而吸收，1～2min即开始起作用，约30min后作用消失，嘱病人不能吞服，如药物不易被溶解，可轻轻嚼碎继续含化。

②应用硝酸酯类药物时告知病人可能出现头昏、头胀痛、头部跳动感、面红、心悸等不适，继续用药数日后可自行消失。为避免体位性低血压所引起的晕厥，病人应平卧片刻，必要时吸氧。

③对长期服用β受体阻滞剂如氨酰心安、倍他乐克等，应嘱咐病人不能随意突然停药或漏服，否则会引起心绞痛加剧或心肌梗塞。因食物能延缓此类药物吸收，故应在饭前服用。用药过程中注意监测心率、血压、心电图等。

④急性心肌梗塞的溶栓治疗，如静滴尿激酶，宜在15～30min内快速滴入。在用药过程中及用药后，若有出血倾向，如皮肤出血点、鼻衄等，及时报告医护人员。

⑤静脉输液过程中，如输低分子右旋糖酐扩容、抗心律失常的利多卡因等药物时，应严格由医护人员掌握速度，其他人员不可随意调整，以免引发

心力衰竭及休克等并发症。

4. 随访冠心病患者

对建立冠心病健康档案的患者，社区卫生服务中心（站）、村卫生室、乡镇卫生院每年需提供不少于 4 次的面对面随访。随访内容包括：测量血压，评估是否存在危急症状；测量心率、体重，计算体重指数（BMI）；询问患者症状及其生活方式，包括心脑血管疾病、糖尿病、运动、摄盐、吸烟、饮酒情况等；询问患者服药情况和胸痛的控制情况等。

5. 冠心病经皮冠状动脉介入治疗后患者管理

经皮冠状动脉介入治疗（percutaneous coronary intervention，PCI）已成为治疗冠心病的重要手段。统计显示，2008 年我国 PCI 总人次约为 18 万，2011 年增至 33.3 万。目前我国已有数百万患者接受了 PCI 治疗。PCI 术后患者的管理已成为冠心病健康管理重要内容。

所有的 PCI 术后患者应接受规范的抗栓治疗。术后长期维持阿司匹林 100mg/d。置入药物涂层支架（DES）的患者应至少用双联抗血小板治疗 12 个月。而接受裸金属支架（BMS）的患者，术后应合用氯吡格雷双联抗血小板药物治疗时间至少 1 个月，条件允许者维持 12 个月。心肌梗死和不稳定型心绞痛患者，无论进入 DES 或 BMS，都应采取双联抗血小板药物治疗且持续应用 12 个月。

患者在行血供重建术后，应定期进行全面的临床和预后评估。评估包括：实验室检查、运动试验、心电图及超声心动图检测。

对近期血供重建及合并心力衰竭的等高危患者，应当制订医学监督计划。即对患者进行健康教育，嘱咐患者每天至少进行 1 次 30~60min 的适当强度的有氧活动，每周至少坚持运动 5d。

建议 PCI 术后患者每次健康检查都评估体重指数和（或）腰围。可将减肥治疗的初始目标设定为降低基线体重标准的 10%。饮食和体重的控制标准设定为控制体重指数（体重指数 <24），女性腰围 <80cm，男性腰围 <90cm。

表 2-1　个人基本信息

个人编号	□□□□□□□□□□□□□□					
姓名		性别	1 男 2 女　□	出生日期	□□□□ □□ □□	
身份证号				工作单位		
本人电话		联系人姓名		联系人电话		
常住类型	1 户籍　2 非户籍　□		民族		1 汉族　2 少数民族　□	
血型	1 A 型 2 B 型 3 O 型 4 AB 型 5 不详/RH 阴性：1 否 2 是 3 不详 □/□					
文化程度	1 文盲及半文盲 2 小学 3 初中 4 高中/技校/中专 5 大学专科及以上 6 不详 □					
职业	1 国家机关、党群组织、企业、事业单位负责人 2 专业技术人员 3 办事人员和有关人员 4 商业、服务业人员 5 农、林、牧、渔、水利业生产人员 6 生产、运输设备操作人员及有关人员 7 军人 8 不便分类的其他从业人员　□					
婚姻状况	1 未婚 2 已婚 3 丧偶 4 离婚 5 未说明的婚姻状况					□
医疗费用支付方式	1 城镇职工基本医疗保险 2 城镇居民基本医疗保险 3 新型农村合作医疗 4 贫困救助 5 商业医疗保险 6 全公费 7 全自费 8 其他					□/□/□
药物过敏史	1 无 2 青霉素 3 磺胺 4 链霉素 5 其他					□/□/□/□
既往史	疾病	1 无 2 高血压 3 糖尿病 4 冠心病 5 慢性阻塞性肺疾病 6 恶性肿瘤 7 脑卒中 8 重性精神疾病 9 结核病 10 肝炎 11 其他法定传染病 12 其他				
		□确诊时间　年　月/　□确诊时间　年　月/　□确诊时间　年　月 □确诊时间　年　月/　□确诊时间　年　月/　□确诊时间　年　月				
家族史	父亲	□/□/□/□/□/□		母亲	□/□/□/□/□/□	
	兄弟姐妹	□/□/□/□/□/□		子女	□/□/□/□/□/□	
	1 无 2 高血压 3 糖尿病 4 冠心病 5 慢性阻塞性肺疾病 6 恶性肿瘤 7 脑卒中 8 重性精神疾病 9 结核病 10 肝炎 11 其他_____□					
遗传病史	1 无 2 疾病名称_____□					

注：摘自卫生部健康档案规范。

表 2-2 健康检查表

年检日期		责任医生	
内容	检 查 项 目		
症状	1 头痛 2 头晕 3 心悸 4 胸闷 5 胸痛 6 慢性咳嗽 7 咳痰 8 呼吸困难 9 多饮 10 多尿 11 体重下降 12 乏力 13 关节肿痛 14 视物模糊 15 手脚麻木 16 消瘦 17 尿痛 18 便秘 19 腹泻 20 恶心呕吐 21 眼花 22 耳鸣 23 其他 _____ □/□/□/□/□/□/□		

一般状况	体 温	℃	脉 搏	次/分
	呼 吸	次/分	血 压	左侧 / mmHg
				右侧 / mmHg
	身 高	cm	体 重	kg
	腰 围	cm	BMI	kg/m²
	老年人认知功能	1 粗筛阴性　2 粗筛阳性 3 简易智力状态检查量表，总分 _____		□/□
	老年人情感状态	1 粗筛阴性　2 粗筛阳性 3 老年人抑郁评分检查，总分 _____		□/□
	生活质量	SF36 评分 _____		

脏器功能	视 力	左眼 _____　右眼 _____ （矫正视力：左眼 _____　右眼 _____ ）	
	听 力	1 听见 2 听不清或无法听见(耳鼻喉科专科就诊)	□
	运动功能	1 可顺利完成 2 无法独立完成其中任何一个动作(上级医院就诊)	□

查体	皮肤、巩膜	1 正常　2 黄染　3 苍白	□
	淋巴结	1 未触及　2 锁骨上　3 腋窝　4 其他 _____	□
	肺	桶状胸：1 否 2 是	□
		呼吸音：1 正常　2 异常 _____	□
		啰 音：1 干啰音　2 湿啰音 _____	□
	心 脏	心率 _____ 次/分　心律：1 齐　2 不齐　3 绝对不齐	□
		杂音：1 无　2 有 _____	□
	腹 部	压痛：1 无　2 有 _____	□
		包块：1 无　2 有 _____	□
		肝大：1 无　2 有 _____	□
		脾大：1 无　2 有 _____	□
		移动性浊音：1 无　2 有 _____	□
	下肢水肿	1 无　2 单侧　3 双侧不对称　4 双侧对称	□
	肛门指诊	肛门：1 正常　2 触痛　3 包块　4 其他 _____	□
		前列腺：1 正常　2 异常 _____	□
	其 他		

续表

内容		检 查 项 目		
一般人群检查辅助检查	血常规	Hb _____ g/L WBC _____ /L PLT _____ /L 其他_____		
	尿常规	尿蛋白_____ 尿糖_____ 尿酮体_____ 尿潜血_____ 其他_____		
	大便潜血	1 阴性 2 阳性(见大肠癌筛查)		□
	肝功能	ALT _____ U/L, AST _____ U/L, ALB _____ g/L, TBIL _____ umol/L, DBIL _____ umol/L		
	肾功能	Scr _____ umol/L, BUN _____ mmol/L		
	血脂 mmol/l	CHO _____ , TG _____ , LDL-C _____ , HDL-C _____		
	空腹血糖	_____ mmol/L	HBsAg 1 阴性 2 阳性	□
	眼 底	1 正常 2 异常_____		□
	心电图	1 正常 2 异常_____		□
	胸 片	1 正常 2 异常_____		□
	其 他			
特殊人群检查	糖尿病	足背动脉搏动 1 有 2 无		□
		糖化血红蛋白	_____ %	空腹血糖	_____ mmol/L
	高血压	血生化	K+ _____	Na+ _____
	C O P D	症状	咳 嗽	0 分:无咳嗽 1 分:轻度(间断咳嗽,不影响正常工作和生活) 2 分:中度(介于轻度与重度之间) 3 分:重度(昼夜频繁咳嗽或连续咳嗽,影响工作和睡眠)	□
			咯 痰	0 分:无痰 1 分:少(昼夜咯痰量 <10ml) 2 分:中(昼夜咯痰量 10 ~ 50ml) 3 分:多(昼夜咯痰量 >50ml)	□
			呼吸困难	0 分:剧烈运动(如跑步)时感气短 1 分:快步走或上楼时感气短 2 分:平地正常速度行走 100 米感气短 3 分:日常活动(如穿衣、起床)感气短 4 分:静息状态下感气短	□
		查体	口唇紫绀 1 无 2 有		□
			颈 静 脉 1 正常 2 怒张		□
			哮 鸣 音	0 分:无哮鸣音 1 分:少(偶闻或仅在咳嗽,深呼吸时可闻少量哮鸣音) 2 分:中(双肺可闻散在哮鸣音) 3 分:多(双肺满布哮鸣音)	□
		其他	6 分钟步行距离	_____ 米(稳定期患者)
			血氧饱和度 *	SaO₂ _____ %
			肺功能 *	FEV1/FVC _____ % , FEV1 _____ %
			COPD 患者生活质量	SGRQ 评分 _____

* 不是必须填写项目,如果患者有本年度上级医院检查结果请填写。

注:摘自卫生部健康档案规范。

姓名：
编号□□-□□□□□

表 2-3　生活方式及疾病用药情况表

年检日期				责任医生			
内容			检　查　项　目				
生活行为习惯	体育锻炼	锻炼频率	1 每天　2 每周一次以上　3 偶尔　4 不锻炼				□
		每次锻炼时间		分钟	坚持锻炼时间		年
		锻炼方式					
	饮食习惯		1 荤素均衡 2 荤食为主 3 素食为主 4 嗜盐 5 嗜油 6 嗜糖				□/□/□/□
	吸烟史	是否吸烟	1 从不吸烟　2 已戒烟　3 吸烟				□
		开始吸烟时间	＿＿＿岁		戒烟时间		＿＿＿岁
		吸烟量	平均每天吸烟 ＿＿＿ 支				
	饮酒史	饮酒频率	1 从不　2 偶尔　3 经常　4 每天				□
		是否戒酒	1 未戒酒　2 已戒酒，戒酒时间＿＿＿岁				□
		开始饮酒时间	＿＿＿岁		是否醉酒	1 否　2 是	□
		饮酒量	平均每次饮酒 ＿＿＿ 两				
		主要饮酒品种	1 白酒　2 啤酒　3 红酒　4 黄酒				□/□
	生活方式	心理状况	1 紧张　2 抑郁　3 焦虑　4 其他＿＿＿				□/□/□
		遵医行为	1 良好　2 一般　3 差				□
		职业暴露史	1 无 2 有(具体职业 ＿＿＿，从业时间 ＿＿＿ 年)				□
			接触毒物种类	1 化学品＿＿＿ 2 毒物＿＿＿ 3 射线＿＿＿			□
			有无防护措施	1 无　　2 有＿＿＿			□
		居住环境	家中煤火取暖	1 否　2 是 已有＿＿＿年			□
			家庭成员吸烟	1 否　　2 是			□
			长期居住地	1 城市　2 农村			□

续表

内容		检 查 项 目			
现存健康问题	脑血管疾病	1 缺血性卒中　2 脑出血　3 蛛网膜下腔出血 4 短暂性脑缺血发作　5 其他_____			□/□/□/□/□
	肾脏疾病	1 糖尿病肾病　2 肾衰竭　3 急性肾炎 4 慢性肾炎　5 其他_____			□/□/□/□/□
	心脏疾病	1 心肌梗死　2 心绞痛　3 冠状动脉血运重建 4 充血性心力衰竭　5 心前区疼痛　6 其他_____			□/□/□/□/□
	血管疾病	1 夹层动脉瘤　2 动脉闭塞性疾病　3 其他_____			□/□/□
	眼部疾病	1 视网膜出血或渗出　2 视乳头水肿　3 白内障　4 其他_____			□/□/□
	神经系统	1 无　2 有_____			□
	其他疾病	1_____　2_____　3_____			

住院治疗情况	住院史	入/出院时间	原因*	医疗机构名称	病案号
		/			
		/			
		/			
		/			
	家庭病床史	建/撤床时间	原因*	医疗机构名称	病案号
		/			
		/			
		/			
		/			

用药情况	服药依从性：1 规律服药　2 间断服药　3 不服药		□
	药物1	用法　每次（剂量）　　　每天___次	
	药物2	用法　每次（剂量）　　　每天___次	
	药物3	用法　每次（剂量）　　　每天___次	
	药物4	用法　每次（剂量）　　　每天___次	
	药物5：胰岛素	用法	

吸氧	平均每日_____小时		

非免疫规划预防接种史	流感疫苗	1 未接种　　2 一次　　3 二次	□
	肺炎球菌疫苗	1 从未接种　2 近五年内接种　3 五年前接种	□
	其他疫苗名称1		
	其他疫苗名称2		

*如因慢性病急性发作或加重而住院/家庭病床，请特别说明

注：摘自卫生部健康档案规范。

姓名： 编号□□-□□□□□

表 2-4 健康评价表

年检日期		责任医生	
内容	检 查 项 目		

<table>
<tr><td rowspan="14">健
康
评
价</td><td colspan="3">居民自我评判健康状况　　　　　　分(0~10分：0分为最差，10分为最好)</td></tr>
<tr><td colspan="3">既往慢性疾病控制情况　1无　2良好　3一般　4差　　　　　　　　□</td></tr>
<tr><td colspan="2" align="center">医生评判健康状况</td><td align="center">处理(观察　随访　转诊)</td></tr>
<tr><td rowspan="2">生理
状态</td><td>1年检无异常 2有异常　　□
异常1_____
异常2_____
异常3_____
异常4_____</td><td rowspan="2"></td></tr>
<tr></tr>
<tr><td>心理
状态</td><td>1良好
2可疑抑郁　　□
3抑郁</td><td></td></tr>
<tr><td rowspan="2">危险
因素</td><td rowspan="2">1无
2吸烟
3饮酒　　□/□/□/□
4肥胖
5其他_____</td><td align="center">健康教育处方</td></tr>
<tr><td>定期随访：　　　　　　　　　　　□
1无需　2每两年　3每年　4每3个月

危险因素控制：　　　　□/□/□/□/□/□
1戒烟　2健康饮酒　3饮食　4锻炼
5减体重(目标 _____)
6流感疫苗接种　7肺炎疫苗接种
8其他 _____</td></tr>
<tr><td>生活质量</td><td colspan="2">评分_____</td></tr>
</table>

注：摘自卫生部健康档案规范。

表 2-5 中老年人生活质量问卷

姓名_____ 性别：□男 □女 年龄：_____ 编号_____

以下问题是询问您对自身健康状况的看法，您自己觉得做日常活动的能力怎么样。如果您不知如何回答，就请您在以下问答中尽量给出最好的答案。

请您阅读以下的问答，并在相应描述后的框内打"√"。

1. 总体来讲，您的健康状况是：

非常好 □

很好 □

好 □

一般 □

差 □

2. 跟 1 年前相比，您觉得您现在的健康状况是：

比 1 年前好多了 □

比 1 年前好一些 □

跟 1 年前差不多 □

比 1 年前差一些 □

比 1 年前差多了 □

3．以下这些问题都与日常活动有关。请您想一想，您的健康状况是否限制了这些活动？如果有限制，程度如何？

	限制很大	有限制	毫无限制
(1)重体力活动，如跑步、参加剧烈运动等	□	□	□
(2)适度的活动，如扫地、打太极拳等	□	□	□
(3)手提日用品，如买菜、购物等	□	□	□
(4)上几层楼梯	□	□	□
(5)上一层楼梯	□	□	□
(6)弯腰、曲膝、下蹲	□	□	□
(7)步行 1600 米以上的路程	□	□	□
(8)步行 800 米的路程	□	□	□
(9)步行 100 米的路程	□	□	□
(10)自己洗澡、穿衣	□	□	□

4. 在过去 4 个星期里，您的工作和日常活动有无因为身体健康的原因而出现以下这些问题？

	是	不是
(1)减少了工作或其他活动的时间	☐	☐
(2)本来想做的事情只能完成一部分	☐	☐
(3)想要做的工作和活动的种类受到限制	☐	☐
(4)完成工作或其他活动困难增多(如需额外的努力)	☐	☐

5. 在<u>过去 4 星期里</u>，您的工作和日常活动有无因为情绪的原因(如压抑或者忧虑)，而出现以下问题?

	是	不是
(1)减少了工作或活动的时间	☐	☐
(2)本来想做的事情只能完成一部分	☐	☐
(3)做事情不如平时仔细	☐	☐

6. 在<u>过去的 4 个星期里</u>，您的健康或情绪不好在多大程度上影响了您与家人、朋友、邻居或集体的正常社会交往?

完全没影响 ☐

有一点影响 ☐

中等影响 ☐

影响很大 ☐

影响非常大 ☐

7. 在<u>过去的 4 个星期里</u>，您有身体疼痛吗?

完全没有疼痛 ☐

稍微有一点疼痛 ☐

有一点疼痛 ☐

严重疼痛 ☐

很严重疼痛 ☐

8. 在<u>过去的 4 个星期里</u>，身体上的疼痛影响您的工作和家务吗?

完全没影响 ☐

有一点影响 ☐

中等影响 ☐

影响很大 ☐

影响非常大 ☐

9. 以下这些问题有关过去一个月里您自己的感觉，对每一条问题所说的事情，您的情况是什么样?

持续时间	所有的时间	大部分时间	比较多时间	一部分时间	一小部分时间	没有这种感觉
(1)您觉得生活充实	☐	☐	☐	☐	☐	☐
(2)您是一个敏感的人	☐	☐	☐	☐	☐	☐
(3)您情绪非常不好，什么事情都不能使您高兴	☐	☐	☐	☐	☐	☐
(4)您心里很平静	☐	☐	☐	☐	☐	☐
(5)您做事情精力充沛	☐	☐	☐	☐	☐	☐
(6)您的情绪低落	☐	☐	☐	☐	☐	☐
(7)您觉得精疲力尽	☐	☐	☐	☐	☐	☐
(8)您是个快乐的人	☐	☐	☐	☐	☐	☐
(9)您感到厌烦	☐	☐	☐	☐	☐	☐
(10)不健康影响了您的社会生活(如走访亲戚)	☐	☐	☐	☐	☐	☐

10. 请看下列每一条问题，哪一种答案最符合您的情况？

	绝对正确	大部分正确	不能肯定	大部分错误	绝对错误
(1)我好象比别人容易生病	☐	☐	☐	☐	☐
(2)我跟周围人一样健康	☐	☐	☐	☐	☐
(3)我认为我的健康状况在变坏	☐	☐	☐	☐	☐
(4)我的健康状况非常好	☐	☐	☐	☐	☐

注：本问卷摘自卫生部健康档案规范。

表 2-6 中老年人健康管理随访表

时间 项目		年 月 日	年 月 日	年 月 日	年 月 日
症状					
无不适					
新出现症状					
原症状持续					
需转诊					
心理状态与指导					
好					
可疑抑郁					
心理指导					
需转诊					
危险因素与指导					
生活方式指导	体重	kg	kg	kg	kg
	吸烟	/支/天	/支/天	/支/天	/支/天
	戒烟	年 月	年 月	年 月	年 月
	饮酒	/两/天	/两/天	/两/天	/两/天
	戒酒	年 月	年 月	年 月	年 月
	运动	次/周 分钟/次	次/周 分钟/次	次/周 分钟/次	次/周· 分钟/次
	饮食	1 合理 2 基本合理 3 不合理 □	1 合理 2 基本合理 3 不合理 □	1 合理 2 基本合理 3 不合理 □	1 合理 2 基本合理 3 不合理 □
	心理调整	/	/	/	/
	遵医行为	1 良好 2 一般 3 差 □	1 良好 2 一般 3 差 □	1 良好 2 一般 3 差 □	1 良好 2 一般 3 差 □
疾病预防知识教育					
疫苗接种					
冠心病预防					
骨质疏松预防					
下次随访事项					
下次随访目标					
下次随访日期					
随访医生签名					

注：摘自卫生部健康档案规范。

姓名：　　　　　　　　　　　　　　　　　　　　　　　编号□□-□□□□□

表 2-7　现有疾病管理效果及下次年检目标表

年检日期		责任医生	
内　容	检　查　项　目		

内容	检查项目	
现有疾病管理效果	高血压　□	1 控制满意　2 控制不满意　3 药物不良反应　4 并存临床症状
	糖尿病　□	1 控制满意　2 控制不满意　3 药物不良反应　4 并存临床症状
	COPD　□	1 控制满意　2 控制不满意　3 药物不良反应　4 并存临床症状
	脑卒中　□	1 控制满意　2 控制不满意　3 药物不良反应　4 并存临床症状
	不良生活方式改善情况	运动＿＿＿＿＿＿＿＿＿＿＿＿＿＿＿＿＿＿＿＿＿＿＿＿＿＿ 吸烟＿＿＿＿＿＿＿＿＿＿＿＿＿＿＿＿＿＿＿＿＿＿＿＿＿＿ 饮酒摄盐＿＿＿＿＿＿＿＿＿＿＿＿＿＿＿＿＿＿＿＿＿＿＿＿ 饮食＿＿＿＿＿＿＿＿＿＿＿＿＿＿＿＿＿＿＿＿＿＿＿＿＿＿ 心理状态＿＿＿＿＿＿＿＿＿＿＿＿＿＿＿＿＿＿＿＿＿＿＿＿
	其　他	
下次年检目标	高血压	血压：　　　　　　　／　　　　　　　mmHg
	糖尿病	空腹血糖：　　　　　　　mmol/L （或）餐后血糖：　　　　　　　mmol/L
	不良生活方式改善目标	运动＿＿＿＿＿＿＿＿＿＿＿＿＿＿＿＿＿＿＿＿＿＿＿＿＿＿ 吸烟＿＿＿＿＿＿＿＿＿＿＿＿＿＿＿＿＿＿＿＿＿＿＿＿＿＿ 饮酒＿＿＿＿＿＿＿＿＿＿＿＿＿＿＿＿＿＿＿＿＿＿＿＿＿＿ 摄盐＿＿＿＿＿＿＿＿＿＿＿＿＿＿＿＿＿＿＿＿＿＿＿＿＿＿ 饮食＿＿＿＿＿＿＿＿＿＿＿＿＿＿＿＿＿＿＿＿＿＿＿＿＿＿ 心理状态＿＿＿＿＿＿＿＿＿＿＿＿＿＿＿＿＿＿＿＿＿＿＿＿
	其　他	
下次年检日期		医　生签　名	

注：摘自卫生部健康档案规范。

姓名： 编号□□-□□□□□

表2-8 缺血性心血管疾病10年发病危险度评估表

第一步：评分

年龄（岁）	得分
35~39	0
40~44	1
45~49	2
50~54	3
55~59	4

收缩压	得分	
（mmHg）	男	女
<120	-2	-2
120~	0	0
130~	1	1
140~	2	2
160~	5	3
≥180	8	4

体重指数（kg/m²）	得分
<24	0
24~	1
≥28	2

总胆固醇（mmol/L）	得分
<5.2	0
≥5.2	1

1mg/dl=0.026mmol/L

吸烟	得分	
	男	女
否	0	0
是	2	1

糖尿病	得分	
	男	女
否	0	0
是	1	2

第二步：求和

危险因素	得分
年龄	
收缩压	
体重指数	
总胆固醇	
吸烟	
糖尿病	
总计	

10年ICVD危险（%）

男		女	
总分	绝对危险	总分	绝对危险
≤-1	0.3	-2	0.1
0	0.5	-1	0.2
1	0.6	0	0.2
2	0.8	1	0.3
3	1.1	2	0.3
4	1.5	3	0.8
5	2.1	4	1.2
6	2.9	5	1.8
7	3.9	6	2.8
8	5.4	7	4.4
9	7.3	8	6.8
10	9.7	9	10.3
11	12.8	10	15.6
12	16.8	11	23.0
13	21.7	12	32.7
14	27.7	≥13	≥43.1
15	35.3		
16	44.3		
≥17	≥52.6		

第三步：绝对危险

10年ICVD绝对危险参考标准				
年龄	平均危险		最低危险	
	男	女	男	女
35~39	1.0	0.3	0.3	0.1
40~44	1.4	0.4	0.4	0.1
45~49	1.9	0.6	0.5	0.2
50~54	2.6	0.9	0.7	0.3
55~59	3.6	1.4	1.0	0.5

单元三
森林养生实践

森林养生理论的核心是强调"天人合一"，即人与大自然融合，强调人要顺应自然规律，与自然为友，在人与自然的相互感应中，产生养生之道。回到大自然的怀抱中进行各种养生保健活动，这正是符合了"天人合一"的思想。森林康养基地自带各种保健因子，环境优美宁静，空气清新醉人，是养生的最佳场所。

森林以其丰富的自然景观、良好的生态环境、诱人的野趣和优越的保健功能颇受人们青睐，越来越多的人强烈渴望回归大自然，到森林中去减压放松，健身康体，森林游憩业也逐渐成为各国国民经济新的增长点。森林是一类重要而独特的保健资源，对人体有良好的疗养、减压、调节、保健作用，使人身心愉悦、健康长寿。

森林里有大量的原生态环保森林食材，可以让人食用得放心、健康，远离各种化学污染。森林里有丰富多彩的声、色资源，对情绪和心理有良好的保健作用。因此，森林环境能放大养生的效果，在森林里养生能起到事半功倍的保健作用。森林与养生的完美结合，将受到越来越多人的喜爱。根据养生理论，本单元重点介绍森林运动、森林膳食、森林温泉、森林作业疗法等森林养生方法。

模块一　森林运动养生

森林环境是人类理想的保健疗养场所，经常在森林里运动，对亚健康人群来说，能够调节身体机能，提高身体的健康水平。对慢性病人群来说，森林运动是一剂保健良药。它不仅让人身心健康，而且整个人沐浴在森林中，森林里的健康因子对机体起到修复和缓解病情的作用。本模块主要介绍森林浴、森林瑜伽、传统运动养生及运动疗法。

一、森林浴

森林浴，又称森林疗法。它是利用森林中的良好环境条件、气候因素、净化空气、树木释放出的氧气及分泌出的多种芳香物质的功能和作用，辅助防治人体疾病的一种自然治疗方法。

森林因有着天然的生态环境、适宜的气候而成为理想的休养场所。人体是完整、统一的感受体，森林这种天然保健环境对机体的作用是多方面的。例如，森林里冬暖夏凉，气压变化不大，葱绿的树冠散射了太阳的强烈光照，绿色的原野能消除眼睛的疲劳，使神经系统得以松弛，新陈代谢、血液循环及呼吸得到加强。森林浴应运而生，成为当下流行的一种休闲健身方式。

（一）森林浴的养生价值

1. 空气负氧离子

森林环境中的空气负离子浓度通常都要高于城市居民区，人们开展森林生态旅游的一个重要目的，就是到森林中去进行以呼吸空气负离子为主要内容的"森林浴"。当人们离开城区污染的环境，步入森林之中，会立即感觉到那里的空气分外清新，精神状态为之一振，这不仅是自然美，也是大气中的负离子对人体的影响。森林中富含的空气负离子几乎对所有生物都有良好的生理效应，对人尤为重要。它具有调节神经系统、促进血液循环、降低血压、治疗失眠症、镇静、止咳、止痛等多种疗效，因此有人称其为"空气维生素"。

2. 森林芳香物

树木在其生理过程中会释放出大量的挥发性物质，其中包括松脂、丁香酸、柠檬油、肉桂油等众多对环境和人体健康有益的物质。这些物质大都具有杀菌、抗炎和抗癌等作用，被称为植物精气，也称芬多精，即植物杀菌素。

芬多精是森林植物的叶、干、花散发出的一种挥发性物质，能够杀死空气中的细菌、微生物，防止这类生物侵害树体。对于人体来说，芬多精对结核杆菌、大肠杆菌等细菌有杀灭作用。如森林中常见的杨树、桦树、樟树、松树等挥发的芳香性物质，可以杀灭结核、霍乱、赤痢、伤寒、白喉等疾病的病原体。松树与柏树除了吸收毒气，还能吸收致癌物质。林木挥发出的芳香性物质对治疗其他器质性疾病也有着相当的辅助效用。

3. 森林小气候

森林能够通过遮挡和反射太阳辐射、蒸散降温等作用调节小气候，从而改善人体舒适度。虽然森林的这种小气候效应会随着当地气象因素、海拔高度、绿化覆盖率、郁闭度、绿化树种及其生长状况的不同而有所变化，但一般来说，覆盖率高、郁闭度大、树种叶面积多、长势好、林地层次结构明显的森林，其改善小气候的效应明显。森林环境可以有效降低紫外线对人体皮肤的伤害，减少皮肤中因直射而产生的色素沉积，并能有效地调节干热地区的环境温湿度水平，降低人体皮肤温度。此外，森林环境对荨麻疹、丘疹、水疱等过敏反应也有良好的预防效果。

4. 森林绿色景观

森林中的绿色，不仅给大地带来秀丽多姿的景色，而且能通过人的各种感官作用于人的中枢神经系统，调节和改善人体的机能，给人以宁静、舒适、生气勃勃、精神振奋的感觉，进而增进健康。

人们通常将绿色面积占视域面积的百分比称为"绿视率"，一般认为，绿视率达到25%以上时能对眼睛起到较好的保护作用。森林通常具有很高的绿视率，绿色的森林环境可以使人体的紧张情绪得到稳定，使血液流动减慢，呼吸均匀，并有利于减轻心脏病和心脑血管病的危害。此外，森林绿色环境还有助于缓解视疲劳，改善视力状况(图3-1)。与城市建筑相比，森林对光的反射程度明显要低，仅为建筑墙体的10%~15%，强光辐射污染是现代城市人群视网膜疾病和老年性白内障的重要原因，而森林环境可使疲劳视神经得到逐步恢复，并能显著提高视力，有效预防近视。

(二)森林浴步骤

进行森林浴时，可以在森林中悠闲散步、静思养神，可以跑步、做操、泡温泉，也可以攀高涉水，适当加大运动量。森林浴通常包括以下步骤：

首先，对健康最有益处的运动就是有氧运动，而散步是最有益健康的运动。它不但可以减脂减重，而且还能改善身体血液循环，增强人体的平衡性、

图 3-1　森林的绿视效应

（引自陌上花．淘图网）

灵活性，预防骨质疏松。森林浴的第一步就是在林间漫步，在崎岖的林间小路上行进，要尽量出汗，以有轻微疲劳感为最好。

其次，选择好步行目标里程，正常走完 2km 后可以快步行走，进而保持匀速。快步走是有氧锻炼的最佳方式，最好是边走边与人正常交谈，这样既能掌握好节奏，又不至于感觉沉闷。

最后，当到达目的地，置身于幽林深处，面对连接天际的壮美森林，仰望千年巨木，敬畏之心油然而生，神秘、喜悦等情感涌上心头。这是人与大自然无声的对话，这时候放松、自然的静思最舒松身心。

（三）森林浴的优点

1. 因时制宜

进行森林浴的最佳时间是 5～10 月的夏秋季节。在这个季节，太阳辐射强，树木的光合作用好，而且森林中的气候、温度也十分适合人体的生理要求。尤其是每年的 9～10 月，针叶树木所分泌出的小剂量杀菌素对心血管病有良好的治疗作用，故心血管病人应在这个时期进行针叶树林沐浴。行浴时间的选择上，以阳光灿烂的白天最为理想。一般而言，日出前后树木精华充溢于林间，纯净度极好。上午则阳光充沛，光合作用相当显著，森林里含有充足的氧气，空气清新而纯净，让人身心舒畅，充满活力。一般从 10：00～16：00，是进行森林浴的最佳时机。进行森林浴时，最好穿宽松的衣服，先在林中散步 10 min 左右，做深长舒缓的呼吸运动以增加肺活量。

2. 因病制宜

不同的树种林分泌出不同的植物精气，从而有不同的治疗效果。所以不同的病人要选择不同树种的森林进行森林浴。例如，肺结核、痢疾、白喉等疾病应该到白杉、白皮松、油松林区进行森林沐浴，这些树木分泌的杀菌素具有很强的杀菌效果。而高血压病人和心脏病病人，则应到柞树林区进行森林浴，因柞树产生的挥发性芳香类物质，对心脑血管病人的血液循环有良好的疏通作用。

3. 因人制宜

进行森林沐浴，更要因人而异，因为人们所处的自然境和生活条件不同，因此，身体内部的循环、代谢功能环也就有微妙的差异。例如，长期居住在大都市的人，需要呼吸含负氧离子浓度高的空气，而森林里的负氧离子高出市区上千倍，城里人常去森林浴，对保持身体健康就有重大意义。某些人当血液中含氧量突然大幅度增加时，可导致大脑血管痉挛，甚至昏迷。同样，在高原缺氧地区生活习惯的人，也不能突然进入森林地区进行森林浴，以免发生"氧中毒"。

二、森林瑜伽

瑜伽是指运用一系列的修心养性的方法改善人们生理、心理、情感和精神方面的能力，是一种达到身体、心灵与精神和谐统一的运动方式，包括调身的体位法、调息的呼吸法、调心的冥想法等，以达至身心的合一。

森林瑜伽是指在森林环境里进行瑜伽练习。森林里环境幽静、空气清新，更有各种保健因子。所以，森林瑜伽具有不可思议的保健作用。瑜伽能加速新陈代谢，去除体内废物，实现形体修复以及从内及外调理养颜；瑜伽能带给你优雅气质、轻盈体态，提高人的内外在气质；瑜伽能增强身体力量和肌体弹性，促使身体四肢均衡发展，使你变得越来越开朗、活力、身心愉悦；瑜伽能预防和治疗各种身心相关的疾病，如对背痛、肩痛、颈痛、头痛、关节痛、失眠、消化系统紊乱、痛经、脱发等都有显著疗效；瑜伽能调节身心系统，改善血液环境，促进内分泌平衡，使人内在充满能量。本节将重点介绍瑜伽体位式。

(一)常见瑜伽体位式

1. 树式 (图 3-2)

(1)作用功效　改善、强化平衡能力；强健脚踝和腿脚；紧实胸背的肌肉，矫正脊柱弯曲，消除腰痛，灵活髋部和肩膀。

（2）练习技巧　呼吸时，用胸部和胸腔进行呼吸，放松肩膀，稍微收腹以支持背部；双手手臂向上延伸，带动身体向上；将注意力集中在温和地伸展脊椎和脖子，以及脚腿着地的感觉上，才能使身体较好的保持平衡；此时抬高腿朝外打开，从侧面看，与身体保持在一个平面上，可以帮助身体平衡；若抬高腿无法靠近大腿根部，可以先将脚背放在膝盖上同样可以起到舒展髋部，保持平衡的作用，练习熟练后再慢慢上升。

图 3-2　树式

（3）注意事项　有高血压等心脏和血液循环问题者，双手在胸前合掌代替举臂。

2. 蝴蝶式 (图 3-3)

（1）作用功效　促进骨盆区域的血液循环，有助于打开髋部，对于前列腺疾病的康复和治疗有一定的作用，同时也可以纠正月经期不规则的现象。如果在怀孕期经常练习此式，分娩将会更为容易顺利，痛苦也更少。

（2）练习技巧　坐在地上，让两个脚心相对保持上体直立。让双手十指交叉放在脚趾的前方，尽可能的让脚跟往会阴的地方内收。将你的身体尽可能的向上立起来，然后将你的双手手掌放置双侧膝盖的上方，随着你的匀速呼吸慢慢地压动

图 3-3　蝴蝶式

双侧膝盖，保持这个动作 30～60s。然后吸气，将你的双侧膝盖内收，双手抱住小腿前侧放松一下背部，然后准备第二次练习。

（3）注意事项　不要让肌肉过于用力而疲累。循序渐进地伸展这些肌肉。处于月经期或者产后练习该体式前，请咨询医生或专业的瑜伽机构。

3. 下犬式 (图 3-4)

（1）作用功效　美化肩部，拉长大腿，预防颈腰椎疾病。

（2）练习要领　下犬式可从趴在地面上开始。双手放在胸部两侧，大拇指在乳头的位置。双手比肩膀略宽。中指或食指正对前方，互相平行。

（3）注意事项　血压异常或患有眩晕病者，在练此动作时要小心，一旦觉

得不舒服，先跪下将臀部坐在脚跟上，同时，额头顶地休息，再慢慢蜷起身体，或先征询医师意见。

4. 猫式(图3-5)

（1）作用功效　充分伸展背部和肩膊，改善血液循环，消除酸痛和疲劳；脊椎骨得到适当的伸展，增加灵活性；促进呼吸与甲状腺的新陈代谢；矫正背部，使脊柱恢复弹性；丰满胸部，消除腹部与腰围多余脂肪；对女性月经不调、痛经、乳腺增生等有疗效。

图3-4　下犬式

（2）练习要领　先进行四足跪姿，确认手掌在肩膀的正下方，手掌距离同肩宽；膝盖在骨盆的正下方，膝盖距离同臀宽。吸气时，从翘臀、挺胸、抬下巴；吐气时，先收臀部，再拱背，最后颈椎自然放松，让眼睛可以看到肚脐的方向。

图3-5　猫式

（3）注意事项　动作不要太快，亦不要猛力将颈部前后摆动或让腰部拱后，不要过分伸展颈部。

5. 虎式(图3-6)

（1）作用功效　此动作能使脊柱更灵活，缓解腰背部酸痛感。强壮脊柱神经和坐骨神经，减少髋部和大腿区域的脂肪，同时可以塑造臀部和背部线条，强壮生殖器官。适宜产后妇女练习。

（2）练习要领　先将一腿向后延伸，趾头轻点地。吐气时，除猫式拱背外，让大腿前侧贴腹部，膝盖靠近额头。吸气时，腿向后延伸，也让脊柱做出翘臀、挺胸、抬下巴动作。

（3）注意事项　动作不易太快，吸气时，伸直的腿部切勿在身体后摆

图3-6　虎式

动；做动作的中途不可换气，如果练习者气息不足，可根据呼吸频率加快动作速度；有严重腰部、背部疾病者慎做该动作。

6. 鸽式（图3-7）

（1）作用功效　鸽子式瑜伽动作能修正腰椎的扭曲，使荷尔蒙得以正常作用。治疗经痛，月经不调，消除腹部，腰部和臀部的脂肪，有束臀的功效，促进颈部的血液循环，消除肩痛和偏头痛。

图3-7　鸽式

（2）练习要领　双手撑地，将前腿屈膝，膝盖移到同侧的手掌后方，脚尖朝内，脚板会在鼠蹊部前。回头确认，后腿是不是在一条直线上，整条腿向后延伸。鸽式是一套很好的动作，吸气时，身体立着，后腿前侧在伸展。吐气时，向前趴下，此时前腿髋关节活动为外旋，从臀部外侧至深层肌肉都会非常有感觉，鸽式有助于臀大肌与梨状肌伸展。

（3）注意事项　执行此动作时，要注意腹部挺直，才可以达到上述功效。

7. 牛面式（图3-8）

（1）作用功效　此姿势可以治愈腿部抽筋，瑜伽使腿部肌肉保持弹性。胸部得到完全的伸展，背部更加挺直。肩关节活动更加自如，背阔肌得到完全的伸展。

图3-8　牛面式

（2）练习要领　将原本立着的腿，向外一撇，让脚背外侧贴地。先以臀部坐稳地板为优先，再调整双膝重迭，也可以将下面的腿伸直，减缓臀部与大腿的压力。

（3）注意事项　有严重颈部或肩部问题者禁做此动作。

8. 眼镜蛇式（图3-9）

（1）作用功效　眼镜蛇式能增加循环，使肝、肾获得更多血液的滋养；

图3-9　眼镜蛇式

也提升了呼吸系统、内分泌系统、消化系统及生殖系统的健康。强化背部所有的肌肉，帮助脊柱恢复弹性。增强腹部的弹性，对女性月经不调有辅助疗效。

(2)练习要领　俯卧，前额贴地，两臂在体侧，掌心向上。双脚双腿并拢。双手放胸前地面，手指相对。收缩臀部和大腿。彻底地呼气，吸气时慢慢地抬起头、胸，脊柱一节节地抬起。

(3)注意事项　要防止身体拉得太高而拉伤背部肌肉。

三、传统运动养生

传统运动养生学是在中国古代养生学说指导下逐渐形成的多种健身运动的总称。其包括太极拳、五禽戏、八段锦、易筋经、导引等各种练习方法。长期坚持练习，能起到调整呼吸、调节五脏六腑和四肢百骸机能的作用，从而达到强身健体、怡养心神、防病治病、益寿延年的目的。

随着经济的发展和人们生活水平的提高，人们的养生保健意识增强，传统运动养生以其简单易学、操作方便、收效显著的特点逐渐被重视，并在民众中得到普及和推广，对促进身心健康、继承与发展祖国优秀传统文化具有重要的意义。森林公园，以其环境幽静、空气清新、富含多种保健因子而成为传统运动养生的理想场所。

现将传统运动养生中最常应用的一些项目分述如下：

(一)五禽戏

五禽戏，是指通过模仿虎、鹿、熊、猿、鸟(鹤)五种动物的动作，实现保健强身的一种气功功法；由中国古代医家华佗在前人的基础上创造的，故又称华佗五禽戏。五禽戏能治病养生，强壮身体。练习时，可以单练一禽之戏，也可选练一两个动作。单练一两个动作时，应增加锻炼的次数。

1. 虎戏

脚后跟靠拢成立正姿势，两臂自然下垂，两眼平视前方。

(1)左式　①两腿屈膝下蹲，重心移至右腿，左脚虚步，脚掌点地、靠于右脚内踝处，同时两掌握拳提至腰两侧，拳心向上，眼看左前方。②左脚向左前方斜进一步，右脚随之跟进半步，重心坐于右腿，左脚掌虚步点地，同时两拳沿胸部上抬，拳心向后，抬至口前两拳相对翻转变掌向前按出，高与胸齐，掌心向前，两掌虎口相对，眼看左手。

(2)右式　①左脚向前迈出半步，右脚随之跟至左脚内踝处，重心坐于左腿，右脚掌虚步点地，两腿屈膝，同时两掌变拳撤至腰两侧，拳心向上，眼看右前方。②招式与左式②相同，唯左右相反。如此反复左右虎扑，次数不限。

2. 鹿戏

身体自然直立，两臂自然下垂，两眼平视前方。

（1）左式　①右腿屈膝，身体后坐，左腿前伸，左膝微屈，左脚虚踏；左手前伸，左臂微屈，左手掌心向右，右手置于左肘内侧，右手掌心向左。②两臂在身前同时逆时针方向旋转，左手绕环较右手大些，同时要注意腰胯、尾骶部的逆时针方向旋转，久而久之，过渡到以腰胯、尾骶部的旋转带动两臂的旋转。

（2）右式　右式动作与左式相同，唯方向左右相反，绕环旋转方向亦有顺逆不同。

3. 熊戏

身体自然站立，两脚平行分开与肩同宽，双臂自然下垂，两眼平视前方。先右腿屈膝，身体微向右转，同时右肩向前下晃动、右臂亦随之下沉，左肩则向外舒展，左臂微屈上提。然后左腿屈膝，其余动作与上述左右相反。如此反复晃动，次数不限。

4. 猿戏

脚跟靠拢成立正姿势，两臂自然下垂，两眼平视前方。

（1）左式　①两腿屈膝，左脚向前轻灵迈出，同时左手沿胸前至口平处向前如取物样探出，将达终点时，手掌撮拢成钩手，手腕自然下垂。②右脚向前轻灵迈出，左脚随至右脚内踝处，脚掌虚步点地，同时右手沿胸前至口平处时向前如取物样探出，将达终点时，手掌撮拢成钩手，左手同时收至左肋下。③左脚向后退步，右脚随之退至左脚内踝处，脚掌虚步点地，同时左手沿胸前至口平处向前如取物样探出，最终成为钩手，右手同时收回至右肋下。

（2）右式　右式动作与左式相同，唯左右相反。

5. 鸟戏

两脚平行站立，两臂自然下垂，两眼平视前方。

（1）左式　①左脚向前迈进一步，右脚随之跟进半步，脚尖虚点地，同时两臂慢慢从身前抬起，掌心向上，与肩平时两臂向左右侧方举起，随之深吸气。②右脚前进与左脚相并，两臂自侧方下落，掌心向下，同时下蹲，两臂在膝下相交，掌心向上，随之深呼气。

（2）右式　右式同左式，唯左右相反。

（二）八段锦

八段锦是我国流传最广的传统保健方法，其动作舒展优美，祛病健身效果极好，此功法分为八段，每段一个动作，故名为"八段锦"。分站式和坐式，这里只介绍站式八段锦。

1. 站式八段锦口诀

> 双手托天理三焦，左右开弓似射雕。
> 调理脾胃须单举，五劳七伤向后瞧。
> 摇头摆尾去心火，两手攀足固肾腰。
> 攒拳怒目增力气，背后七颠百病消。

2. 站式八段锦练法

（1）双手托天理三焦　自然站立，两足平开，与肩同宽，含胸收腹，腰脊放松。正头平视，口齿轻闭，宁神调息，气沉丹田。双手自体侧缓缓举至头顶，转掌心向上，用力向上托举，足跟亦随双手的托举而起落。托举六次后，双手转掌心朝下，沿体前缓缓按至小腹，还原。

（2）左右开弓似射雕　自然站立，左脚向左侧横开一步，身体下蹲成骑马步，双手虚握于两髋之外侧，随后自胸前向上划弧提于与乳平高处。右手向右拉至与右乳平高，与乳距约两拳许，意如拉紧弓弦，开弓如满月；左手捏箭诀，向左侧伸出，顺势转头向左，视线通过左手食指凝视远方，意如弓箭在手，等机而射。稍作停顿后，随即将身体上起，顺势将两手向下划弧收回胸前，并同时收回左腿，还原成自然站立。此为左式，右式反之。左右调换练习六次。

（3）调理脾胃须单举　自然站立，左手缓缓自体侧上举至头，翻转掌心向上，并向左外方用力举托，同时右手下按附应。举按数次后，左手沿体前缓缓下落，还原至体侧。右手举按动作同左手，唯方向相反。反复六次。

（4）五劳七伤往后瞧　自然站立，双脚与肩同宽，双手自然下垂，宁神调息，气沉丹田。头部微微向左转动，两眼目视左后方，稍停顿后，缓缓转正，再缓缓转向右侧，目视右后方稍停顿，转正。反复六次。

（5）摇头摆尾去心火　两足横开，双膝下蹲，成"骑马步"。上体正下，稍向前探，两目平视，双手反按在膝盖上，双肘外撑。以腰为轴，头脊要正，将躯干划弧摇转至左前方，左臂弯曲，右臂绷直，肘臂外撑，臀部向右下方撑劲，目视右足尖；稍停顿后，随即向相反方向，划弧摇至右前方。反复六次。

（6）两手攀足固肾腰　松静站立，两足平开，与肩同宽。两臂平举自体侧缓缓抬起至头顶上方转掌心朝上，向上作托举劲。稍停顿，两腿绷直，以腰为轴，身体前俯，双手顺势攀足，稍作停顿，将身体缓缓直起，双手右势起于头顶之上，两臂伸直，掌心向前，再自身体两侧缓缓下落于体侧。反复六次。

（7）攒拳怒目增力气　两足横开，两膝下蹲，呈"骑马步"。双手握拳，拳眼向下。顺势头稍向左转，两眼通过左拳凝视远方，右拳同时后拉。与左拳出击形成一种"争力"。随后，收回左拳，击出右拳，要领同前。反复六次。

（8）背后七颠百病消　两足并拢，两腿直立、身体放松，两手臂自然下垂，手指并拢，掌指向前。随后双手平掌下按，顺势将两脚跟向上提起，稍作停顿，将两脚跟下落着地。反复六次。

（三）六字诀

六字诀养生法是一种以练气为主的静功，练功者分别作出嘘、呵、呼、呬、吹、嘻等不同的发音口型，使得呼气时，肺气分别通过已经发生位置变化的不同的唇、舌、齿、喉，这样即可使胸腹之中产生不同的气流及气压，从而影响到脏腑的功能及活动。古代医者通过长期的医疗实践证实嘘、呵、呼、呬、吹、嘻等不同的发音口形会分别影响到肝、心、脾、肺、肾及三焦等六种不同的脏器。因此，经常习用六字诀既可起到和调五脏，疏通经络，平秘阴阳的作用，又可以有选择地以某一字音治某一脏病，借以祛病延年。

1. 六字诀歌诀

> 春嘘明目夏呵心，秋呬冬吹肺肾宁。
> 四季常呼脾化食，三焦嘻出热难停。
> 发宜常梳气宜敛，齿宜数叩津宜咽。
> 子欲不死修昆仑，双手摩擦常在面。

2. 六字诀练习法

预备式：两足开立，与肩同宽，头正颈直，含胸拔背，松腰松胯，双膝微屈，全身放松，呼吸自然。

呼吸法：顺腹式呼吸，先呼后吸，呼所时读字，同时提肛缩肾，体重移至足跟。

调息：每个字读六遍后，调息一次，以稍事休息，恢复自然。

（1）嘘（xū）字功平肝气　口型为两唇微合，有横绷之力，舌尖向前并向内微缩，上下齿有微缝。呼气念嘘字，足大趾轻轻点地，两手自小腹前缓缓抬起，手背相对，经胁肋至与肩平，两臂如鸟张翼向上、向左右分开，手心斜向上。两眼反观内照，随呼气之势尽力瞪圆。屈臂两手经面前、胸腹前缓缓下落，垂于体侧。再做第二次吐字。如此动作六次为一遍，作一次调息。嘘字功可以对治目疾、肝肿大、胸胁胀闷、食欲不振、两目干涩、头目眩晕等症。

（2）呵（hē）字功补心气　口型为半张，舌顶下齿，舌面下压。呼气念呵字，足大趾轻轻点地；两手掌心向里由小腹前抬起，经体前到至胸部两乳中间位置向外翻掌，上托至眼部。呼气尽吸气时，翻转手心向面，经面前、胸腹缓缓下落，垂于体侧，再行第二次吐字。如此动作六次为一遍，作一次调息。呵字功治心悸、心绞痛、失眠、健忘、盗汗、口舌糜烂、舌强语言塞等心经疾患。

（3）呼（hū）字功培脾气　口型为撮口如管状，舌向上微卷，用力前伸。呼字时，足大趾轻轻点地，两手自小腹前抬起，手心朝上，至脐部，左手外旋上托至头顶，同时右手内旋下按至小腹前。呼气尽吸气时，左臂内旋变为掌心向里，从面前下落，同时右臂回旋掌心向里上穿，两手在胸前交叉，左手在外，右手在里，两手内旋下按至腹前，自然垂于体侧。再以同样要领，右手上托，左手下按，作第二次吐字。如此交替共做六次为一遍，做一次调息。呼字功治腹胀、腹泻、四肢疲乏，食欲不振，肌肉萎缩、皮肤水肿等脾经疾患。

（4）呬（si）字功补肺气　口型：开唇叩齿，舌微顶下齿后。呼气念呬字，两手从小腹前抬起，逐渐转掌心向上，至两乳平，两臂外旋，翻转手心向外成立掌，指尖对喉，然后左右展臂宽胸推掌如鸟张翼。呼气尽，随吸气之势两臂自然下落垂于体侧，重复六次，调息。

（5）吹（chuī）字功补肾气　口型为撮口，唇出音。呼气读吹字，足五趾抓地，足心空起，两臂自体侧提起，绕长强、肾俞向前划弧并经体前抬至锁骨平，两臂撑圆如抱球，两手指尖相对。身体下蹲，两臂随之下落，呼气尽时两手落于膝盖上部。随吸气之势慢慢站起，两臂自然下落垂于身体两侧。共做六次，调息。吹字功可对治腰膝酸软，盗汗遗精、阳痿、早泄、子宫虚寒等肾经疾患。

（6）嘻（xī）字功理三焦　口型为两唇微启，舌稍后缩，舌尖向下。有喜笑自得之貌。呼气念嘻字，足四、五趾点地。两手自体侧抬起如捧物状，过腹至两乳平，两臂外旋翻转手心向外，并向头部托举，两手心转向上，指尖相对。吸气时五指分开，由头部循身体两侧缓缓落下并以意引气至足四趾端。重复六次，调息。嘻字功治由三焦不畅而引起的眩晕、耳鸣、喉痛、胸腹胀闷、小便不利等疾患。

四、运动疗法

近年来，随着社会经济飞速发展，市民对离开大都市开展森林游憩、进行户外休闲、呼吸新鲜空气、舒缓紧张身心的要求越来越迫切。人类对森林有一种天然亲切感，森林里的溪流和植物的光合作用可释放大量负氧离子，为病人提供符合康复要求的身心环境。

运动疗法是根据疾病的特点和患者的功能恢复情况，选择合适的功能活动和运动方法对患者进行训练，以预防和治疗疾病，促进身心功能恢复的一种治疗。适合在森林中开展的运动疗法包括肌力训练、关节活动度训练、耐力训练、平衡训练、协调训练、步行训练、呼吸训练。

(一)概述

1. 运动疗法的特点

随着现代医学的发展，运动疗法作为一种防治疾病非药物的无创性的自主疗法，日益受到关注。其具有以下四方面特点：

(1)积极治疗　运动疗法需要患者主动参与和坚持才能取得效果，同时它也是一种训练自我控制能力和提高乐观情绪的治疗方法。

(2)局部治疗和全身治疗相结合　各种运动方法不但对局部组织起锻炼作用，也能改善代谢功能。

(3)防治结合　其不仅能促进一些疾病的功能恢复和疾病治愈，还可改善和提高全身状态和抗病能力，强身健体。

(4)简便易行　其不需要复杂的运动器械，适合在森林康养基地开展。

(二)运动疗法在康复中的主要作用

运动疗法可以促进全身血液循环，增加骨骼肌肉系统的血液供应，促进关节滑液的分泌，牵伸挛缩和黏连的软组织，维持和改善关节活动范围，提高和增强肌肉的力量和耐力，改善和提高平衡和协调能力，预防和延缓骨质疏松。

1. 提高代谢能力，增强心肺功能

运动时肌肉收缩做功，消耗体内能源物质，使新陈代谢水平急剧升高。

呼吸和循环系统功能活动增强。因此，长期坚持锻炼，能提高代谢能力和增强心肺功能。

2. 促进代偿功能的形成和发展

对某些经过系统运动治疗，其功能仍难以完全恢复的患者，但身体可发挥健全器官的作用以代偿缺失的功能。通过训练代偿能力，可以达到最大限度的生活自理。

3. 提高神经系统的调节能力，改善情绪

运动是一系列生理性条件反射的综合，适当的运动可以保持中枢神经系统的兴奋性，改善神经系统灵活性和反应性，维持正常功能。另外，运动还可提高患者的积极情绪，改变抑郁、悲观失望等消极情绪。

(三)运动疗法的基本类型

根据运动时用力方式和程度可分为被动运动和主动运动。被动运动是患者完全不用力，依靠外力帮助完成运动。主动运动又分为以下3种：

1. 主动运动

指肌肉主动收缩所产生的运动。

2. 主动助力运动

动作的一部分是由肌肉主动收缩完成，一部分是借助外力来完成。

3. 抗阻运动

必须克服外来阻力才能完成的运动。

(四)运动疗法的适应证和禁忌证

1. 运动治疗的效果与适应症的选择有关，根据不同的疾病应选择相应的运动治疗方法。心脏病和高血压病患者应该以主动运动为主，如有氧训练、医疗体操；肺部疾病(支气管哮喘、肺气肿)患者应该以呼吸体操为主；慢性颈肩腰腿痛的患者在手法治疗后，常常需要加一些医疗体操，以巩固疗效；肢体瘫痪性疾病如偏瘫，截瘫、四肢瘫患者，除主动运动外，大多需要给予一对一治疗。

2. 疾病的急性期、发热、严重衰弱、有大出血倾向、运动中可能产生严重并发症的患者不适合进行运动疗法。

(五)肌力训练

肌力训练是根据超量负荷的原理，通过肌肉的主动收缩来改善或增强肌肉的力量。肌力训练可以改善机体构成、增加净体重、增加骨密度、预防骨

质疏松、增强心脏的适应性、降低发生慢性损伤的危险性。在森林中开展适合森林的肌力训练，必须将患者的安全放在第一位。适当的方法，可有效增强肌肉的力量，不恰当的方法，不仅训练效果差，而且容易引起损伤。

1. 主动运动

患者在无助力情况下做各种运动，其基本原则是辅助力量不参与；训练中应取正确的体位和姿势，将肢体置于抗重力位，防止代偿运动。最常用的主动运动方法是徒手体操。

2. 抗阻运动

利用徒手、滑车、重锤、弹簧、重物、摩擦力、流体阻力等作为阻力。常用的抗阻运动方法有以下 3 种：

(1)徒手抗阻力主动训练 治疗师施加的阻力方向与运动肢体成直角，施加的阻力大小、部位、时间，应根据肌力大小、运动部位而变化。

(2)滑面上辅助主动训练 在光滑的板面上利用滑石粉，减少肢体与滑板之间的摩擦力，进行滑面上的辅助训练；同时，也可通过加大滑板的倾斜程度方法，加大摩擦力在滑板上做滑动训练。

(3)浮力辅助主动训练 在水中进行的一种辅助主动运动，可利用水对肢体的浮力或漂浮物，以减轻肢体重力的影响。

(六)关节活动范围训练

关节活动训练的主要目的是对活动受限关节进行牵伸，但又不损伤正常组织。关节活动训练的基本原则是牵伸和松懈挛缩与粘连的纤维组织。

1. 主动运动患者能自动活动时应以主动运动为主

常用方法有各种体操、器械练习、下垂摆动练习、悬挂练习等，训练要点包括以下 3 点：

(1)用力要均匀缓慢，循序渐进，幅度从小到大。

(2)练习应在达到当时的最大可能范围后再稍用力使略为超出，以引起轻度疼痛为佳，稍停留，然后还原再做。

(3)锻炼包括该关节所有轴位，尽可能逐步达到最大幅度。

2. 助力运动

对患肢的主动运动施加辅助力量。常用的有器械练习和悬吊练习。

(1)器械练习 利用器械为助力，带动活动受限的关节进行活动。根据病情及治疗的目的，选择相应的器械，如体操棒、肋木、火棒等。

(2)悬吊练习 利用绳索、挂钩和滑轮等简单装置，将活动的肢体悬吊起来，以减轻肢体自身重量，使其在消除重力影响下进行类似钟摆样的主动运动。

(七)耐力训练

森林康养中耐力练习主要包括肌耐力练习和一般耐力练习。肌耐力练习与发展肌力的练习相结合，主要是用低负荷、多重复的方式，因此属于有氧运动范畴；一般耐力练习是指全身耐力的练习，又称有氧训练法。通常采用运动处方的形式进行耐力练习。

运动处方是对准备接受运动治疗或参加运动锻炼的患者，由专科医生通过必要的临床检查和功能评定后，根据所获得的资料和患者的健康情况，为患者选择一定的运动治疗项目，规定适宜的运动量。

1. 运动治疗项目

(1)耐力性项目　以健身、改善心肺功能，防治冠心病、糖尿病、肥胖等为目的。

(2)力量性项目　以训练肌肉力量和消除局部脂肪为目的。

(3)放松性项目　以放松肌肉和调节神经为主要目的，如保健按摩、太极拳、气功等。

(4)矫正性项目　以纠正躯体解剖结构或生理功能异常为目的。如脊柱畸形、内脏下垂腹肌锻炼。

2. 运动治疗量

运动治疗量取决于运动治疗强度、频度和治疗的总时间。

(1)运动治疗强度　运动治疗强度的估算通常是对靶心率的估计。靶心率是运动治疗中允许达到的最高心率和应该达到的适宜心率。常用计算靶心率的方法是 Jungman 法：靶心率 = 180(170) − 年龄(岁)，180(170)是常数，180是指 60 岁以下、无明确心血管系统疾病、过去有劳动或活动习惯的病人的常数。如年龄超过 60 岁，曾患过心血管疾病却又无条件进行心电分级运动实验的病人，或过去为静坐工作，且无运动或劳动习惯者，取 170 为常数。

(2)运动时间　对耐心性或力量性运动治疗项目，一次运动治疗时间可以分为准备、练习、结束 3 个部分。运动时间应为 15~60min，其达到靶心率时间应为 5~15min，患者应感到出汗、轻度疲劳和气短。

(3)运动频度　每周参与或接受治疗的次数。小运动治疗量每日 1 次，大运动治疗量隔日 1 次。如果间隔时间超过 3d，运动治疗效果的蓄积作用就会消失。

3. 制定运动处方的程序

（1）确定运动总量　患者每周的运动量以 2.93~8.37kJ 为宜。

（2）确定每周活动次数　一般以每周 3~5 次为宜。

（3）分解每次锻炼的运动量　热能数可转变为耗氧量，从而计算出代谢当量数。

（4）确定活动强度。

（5）选择活动项目。

（6）确定各项活动的代谢当量分配值。

（八）平衡与协调训练

平衡和协调都属于运动功能的范畴。许多疾病都会导致平衡和协调功能障碍，而最常见的是中枢神经系统的疾病，如脑卒中、小儿脑瘫、脑外伤、帕金森病等。如果发现平衡和协调功能出现障碍，就要对其进行积极的治疗。最为直接有效的方法就是进行平衡和协调功能的训练。

1. 平衡

是指物体所受到来自各个方向的作用力与反作用力大小相等，使物体处于一种稳定的状态。人体平衡分为静态平衡和动态平衡，静态平衡是人体或人体某一部位处于某种特定的姿势，例如，坐或站等姿势时保持稳定的状态。动态平衡又可以分为自动动态平衡和他动态平衡，自动动态平衡是人体能进行各种自主运动；他动态平衡是人体对外界干扰下仍能保持平衡。平衡练习的基本方法是逐步缩小支撑面和提高身体重心，在稳定前提下逐步增加头颈和躯干运动及从各方向推动患者的动态平衡练习以及从睁眼到闭眼练习。静态平衡利用平衡训练仪进行练习，动态平衡用可摇晃的平衡板、圆棍以及大小不同的充气球进行练习。平衡练习基本原则是安全性、循序渐进、个体化、综合性训练。

2. 协调

是指人体产生平滑、准确、有控制的运动的能力。协调训练的目的是改善动作的质量，即改善完成动作的方向和节奏、力量和速度，以达到准确的目标。协调训练的基本原则：①从易到难，循序渐进：先进行简单的动作的练习，掌握后，再完成复杂的动作，逐步增加训练的难度和复杂性。②重复性训练：每个动作都需要重复训练，才能起到强化的效果，这种动作才能被大脑记忆，从而促进大脑功能重组，进一步改善协调功能。③针对性训练：具体的协调障碍而进行针对性的训练，这样更具有目的性。④综合性训练：

协调训练不是孤立进行的，即在进行针对性训练的同时，也需要进行相应的训练。

(九)步行训练

步行训练是以矫治异常步态，促进步行转移能力的恢复，提高患者的生活质量为目的的训练方法之一。

1. 行走训练

先用健腿迈步，治疗师站在患者身后稳定其双上臂。可给予一定口令，让患者有节奏地行走。同时要观察分析患者的对线，找出问题，改善其行走姿势。

2. 增加难度

到人群和物体移动的公共环境进行练习。①跨过不同高度的物体。②行走时同时做其他活动，如和别人聊天、拿东西走等。③改变行走速度。④在繁忙的走廊行走等。

3. 将训练转移到日常生活中

为患者制定家庭训练计划。使用平衡杠、拐杖等要适当，应用时，只能利用它们来稳定患者，但不能依靠它们。

(十)呼吸训练

呼吸训练的目标是改善通气；提高咳嗽机制的效率；改善呼吸肌的肌力、耐力及协调性；保持或改善胸廓的活动度；建立有效的呼吸方式；促进放松；提高患者的整体功能。

常用的呼吸运动有以下 3 种：

1. 膈肌(腹式)呼吸

膈肌(腹式)呼吸是指利用膈肌的上下移动来获得最大通气的呼吸方式。膈肌在通气中起到重要作用，横膈肌上下活动 1cm，可增加 250mL 的通气量。肺气肿后，肿大的肺泡使胸廓扩张、膈肌下压，并使膈肌的活动范围受限，转用胸式呼吸。为改善呼吸困难症状，需要重建腹式呼吸。训练时，手按在上腹部，呼吸时腹部下沉，此时该手再稍稍加压用力，以使腹压进一步提高，迫使膈肌上抬；吸气时，上腹部对抗该手压力，将腹部徐徐隆起。呼吸肌的练习可以通过腹肌训练、吹蜡烛训练、吹瓶法来改善呼吸肌的肌力和耐力，缓解呼吸困难症状。

2. 缩唇式呼吸

缩唇式呼吸是指吸气时用鼻子，呼气时嘴呈缩唇状施加一些抵抗，慢慢呼气的方法。此方法气道的内压高，能防止气道的陷闭，使每次通气量上升，呼吸频率降低，可调解呼吸频率。缩唇呼吸容易导致患者用力呼气，使胸腔内压力增高，反而可能会导致气道的过早闭合。所以，缩唇呼气时，应避免用力呼气。

3. 深呼吸

深呼吸是指胸式呼吸和腹式呼吸联合进行，目的是增加肺容量，使胸腔充分扩张。患者处于放松体位，经鼻深吸气，在吸气末，憋气几秒钟，然后经口腔将气体缓慢呼出，再配合缩唇呼吸，使气体充分排出。呼吸运动可以配合躯干运动，如吸气时扩胸，上肢外展、上举；呼气时含胸，上肢下垂、内收。

模块二　森林膳食养生

森林食品风味清香，具有无公害、纯天然、无污染、不可替代性和产品结构特有性等特点。森林食品很好地迎合了人们新的消费观念和消费文化。随着经济的高速发展和社会的持续进步，人类自我保健意识正在日益增强，对食品的需求已由过去单纯的温饱型向营养型、功能型、绿色健康型转变，在食物的选择上不仅要求味美，更多地注重洁净未受污染的"绿色食品"和具有营养保健功效的"森林食物"。

森林里盛产各种菌类，且产量可观，是非常适合各类人群的绿色保健食品，同时，森林里生长着多种名贵中药材，是制作药膳的上佳材料。本模块重点介绍森林食用菌类养生和森林药膳养生。

一、森林食用菌类养生

森林食用菌类营养丰富，它的营养价值已达到植物性食物的顶峰。菌类具有抗病毒、抗辐射、抗衰老、保肝、健胃等作用，被称为上帝食品或长寿食品。森林食用菌类的种类繁多，每一菌类都有其不同的营养价值。

1. 香菇(图 3-10)

香菇又称香蕈、冬菇，是一种生长在

图 3-10　香菇

木材上的真菌类。由于它味道较香，香气宜人，营养丰富，不但位列草菇、平菇、白蘑菇之上，而且素有"真菌皇后"之誉。香菇富含 B 族维生素、铁、钾、维生素 D 原，是高蛋白、低脂肪的营养保健食品。干香菇食用部分占72%，每100g 食用部分中含水 13g、脂肪 1.8g、碳水化合物 54g、粗纤维7.8g、灰分 4.9g、钙 124mg、磷 415mg、铁 25.3mg、维生素 $B_1$0.07mg、维生素 $B_2$1.13mg、尼克酸 18.9mg。鲜香菇除含水 85%～90% 外，固形物中含粗蛋白 19.9%、粗脂肪 4%、可溶性无氮物质 67%、粗纤维 7%、灰分 3%。香菇中还含有 30 多种酶和 18 种氨基酸。人体所必需的 8 种氨基酸中，香菇就含有7 种，因此香菇又成为纠正人体酶缺乏症和补充氨基酸的首选食物。

2. 羊肚菌 (图 3-11)

羊肚菌是一种珍稀食用菌品种，因其菌盖表面凹凸不平、状如羊肚而得名。羊肚菌又称羊肚菜、羊蘑、羊肚蘑。春末至秋初生长于海拔 2000～3000m 的针叶阔叶林混交林中，多生长于阔叶林地上及路旁，单生或群生。还有部分生长在杨树林、果园、草地、河滩、榆树林、槐树林及上述林边的路旁河边。羊肚菌的营养相当丰富，

图 3-11　羊肚菌

据测定，羊肚菌含粗蛋白 20%、粗脂肪 26%、碳水化合物 38.1%，还含有多种氨基酸，特别是谷氨酸含量高达 1.76%。因此，有人认为其是"十分好的蛋白质来源"，并有"素中之荤"的美称。人体中的蛋白质是由 20 种氨基酸搭配而组成的，而羊肚菌就含有 18 种，其中 8 种氨基酸是人体不能产生的，但在人体营养上显得格外重要，所以被称之为"必需氨基酸"。羊肚菌既是宴席上的珍品，又是久负盛名的食补良品，民间有"年年吃羊肚、八十照样满山走"的说法。羊肚菌具有性平、味甘，具有益肠胃、消化助食、化痰理气、补肾、壮阳、补脑、提神之功能，对脾胃虚弱、消化不良、痰多气短、头晕失眠有良好的治疗作用。羊肚菌有机锗含量较高，具有强健身体、预防感冒、增强人体免疫力的功效。

3. 蘑菇 (图 3-12)

蘑菇广泛分布于地球各处，在森林落叶地带最为丰富。食用蘑菇是理想的天然食品或多功能食品。迄今为止在全世界食用最多的食用蘑菇，其学名

为双孢蘑菇，通称蘑菇。蘑菇营养丰富，富含人体必需氨基酸、矿物质、维生素和多糖等营养成分，是一种高蛋白、低脂肪的营养保健食品。经常食用蘑菇能很好地促进人体对其他食物营养的吸收。春季养生很适合吃蘑菇补充身体营养。蘑菇中所含的人体很难消化的粗纤维、半粗纤维和木质素，可保持肠内水分，并吸收余下的胆固醇、糖分，将其排出体外，对预防便秘、肠癌、动脉硬化、糖尿病等均十分有利。蘑菇中的蛋白质含量多在 30% 以上，比一般的蔬菜和水果要高出很多。含有多种维生素和丰富的钙、铁等矿物质。最重要的是其还含有人体自身不能合成却又必须的 8 种氨基酸。蘑菇中有大量无机质、维生素、蛋白质等丰富的营养成分，但热量很低，经常食用也不会发胖。

图 3-12　蘑菇

图 3-13　猴头菇

4. 猴头菇(图 3-13)

猴头菇是一种木腐食用菌。一般生长在麻栎、山毛栎、栓皮栎、青冈栎、蒙古栎和胡桃科的胡桃倒木及活树虫孔中，悬挂于枯干或活树的枯死部分。野生菌大多生长在深山密林中。在平原和丘陵地区很少见到。又名猴蘑，猴头，猴菇，是中国传统的名贵菜肴，肉嫩、味香、鲜美可口，是四大名菜(猴头、熊掌、燕窝、鱼翅)之一，有"山珍猴头、海味鱼翅"之称。这种齿菌科的菌类，菌伞表面长有毛茸状肉刺，长约 1～3cm，它的子实体圆而厚，新鲜时白色，干后由浅黄至浅褐色，基部狭窄或略有短柄，上部膨大，直径 3.5～10cm，远远望去似金丝猴头，故称"猴头菇"，又像刺猬，故又有"刺猬菌"之称。猴头菌是鲜美无比的山珍，菌肉鲜嫩，香醇可口，有"素中荤"之称。猴头菇的营养成分很高，干品中每 100g 含蛋白质 26.3 g，是香菇的 2 倍。它含有氨基酸多达 17 种，其中人体所需的占 8 种。每 100g 猴头含脂肪 4.2g，是名副其实的高蛋白、低脂肪食品。另外，还富含各种维生素和无机盐。猴头菇有增进食欲，增强胃黏膜屏障机能，提高淋巴细胞转化率，提升白细胞等作用。故可以使人体提高对疾病的免疫能力。猴头蘑还是良好的滋补食品，对神经衰弱、消化道溃疡有良好疗效。在抗癌药物筛选中，发现其对皮肤、肌肉癌肿有明显抗癌功效。所以常吃猴头菇，无病可以增强抗病能力，有病可以其治疗疾病的作用。

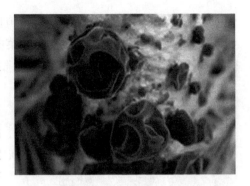

图 3-14　黑木耳

5. 黑木耳（图 3-14）

黑木耳既是一种营养丰富的食用菌，又是我国传统的保健食品和出口商品。它的别名很多，因生长于腐木之上，其形似人的耳朵，故名木耳。据现代科学分析，每 100g 黑木耳干品中含蛋白质 10.6g、脂肪 0.2g、碳水化合物 65g、粗纤维 7g、钙 375mg、磷 201mg、铁 185mg。此外，还含有维生素 B_1 0.15mg、维生素 B_2 0.55mg、烟酸 2.7mg。因此，黑木耳历来深受广大人民的喜爱，常作为烹调各式中、西名菜佳肴的配料，或和红枣、莲子加糖炖熟，作为四季皆宜的佳美点心，不仅清脆鲜美，滑嫩爽喉，而且有增加食欲和滋补强身的作用。黑木耳具有一定吸附能力；对人体有清涤胃肠和消化纤维素的作用。因此，其又是纺织工人、矿山工人和理发员所不可缺少的一种保健食品。研究发现，黑木耳具有化解体内结石的功效。另外，黑木耳中还含有较多量的具有清洁血液和解毒功效的生物化学物质，有利于人体健康。

6. 地衣（图 3-15）

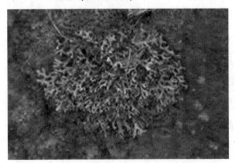

图 3-15　地衣

地衣是多年生植物，是由 1 种真菌和 1 种藻组合的有机体。全世界已描述的地衣有 500 多属 26000 多种。从两极至赤道，由高山到平原，从森林到荒漠，到处都有地衣生长。中国地衣资源相当丰富，人们食用和药用地衣的历史悠久。据不完全统计，可供食用的地衣有 15 种。其中，石耳是特产中国和日本的著名食用地衣，可炖、炒、烧汤、凉拌，营养丰富，味道鲜美。地衣营养价值较高，内含多种氨基酸、矿物质，且钙含量之高是蔬菜中少见的。

图 3-16　银耳

7. 银耳 (图 3-16)

银耳又称作白木耳、雪耳、银耳子等，属于真菌类银耳科银耳属，是门担子菌门真菌银耳的子实体，有"菌中之冠"的美称。银耳子实体纯白至乳白色，直径 5 ~ 10cm，柔软洁白，半透明，富有弹性。银耳的营养成分相当丰富，在银耳中含有蛋白质、脂肪和多种氨基酸、矿物质。银耳具有强精、补肾、润肠、益胃、补气、和血、强心、壮身、补脑、提神、美容、嫩肤、延年益寿之功效。

8. 桑黄菌 (图 3-17)

桑黄菌是目前国际上公认的名贵珍稀药、食用真菌。日本和韩国对其开发研究较早，已经形成规模产业。在我国少数地方有野生桑黄菌存在，但一直作为原料产品被日韩收购。在我国医学专著《神农本草经》及李时珍的《本草纲目》为代表的古代医药学典籍中已经有"桑耳""桑黄""桑臣""胡孙眼"等记述。桑黄往往寄生于桑树的枯木之上，子实体为多年生，木质。

图 3-17　桑黄菌

桑黄的菌伞呈圆锥形或伞状，也有马蹄形的。桑黄的长径 8 ~ 20cm，短径为 2 ~ 12cm，厚 1.5 ~ 10cm。表面初期有暗褐色的毛状物所覆盖，不久脱毛后呈黑褐色。桑黄菌伞及下部为鲜黄色，这可能就是被称作桑黄的原因。由于桑黄的生长周期相当长，要长成适合药用的大小，需要 20 ~ 30 年的岁月。加上近年来掠夺性地开发，天然桑黄已濒于灭绝。而人工栽培桑黄的生物技术一直到了近几年才获得突破。桑黄是已知高等真菌中抗癌效果最好的菌类，并且其抗癌机理也渐渐被人们所认识，加上深层培养的成功报道，其市场前景非常乐观。

9. 松露 (图 3-18)

松露是一种蕈类的总称，分类为子囊菌门西洋松露科西洋松露属。大约

图 3-18　松露

有 10 种不同的品种，通常是一年生的真菌，多数在阔叶树的根部着丝生长，一般生长在松树、栎树、橡树下。散布于树底方圆 120 ~ 150cm，块状主体藏于地下 3 ~ 40cm。分布在意大利、法国、西班牙、中国、新西兰等国家。

松露食用气味特殊，含有丰富的蛋白质、氨基酸等营养物质。松露对生长环境的要求极其苛刻，且无法人工培育，产量稀少，导致它的珍稀昂贵。因此，欧洲人将松露与鱼子酱、鹅肝并列"世界三大珍肴"。松露有很高的药用价值，与灵芝并称为免疫之王，是提升人体免疫最好的食物。

10. 松茸(图 3-19)

松茸是一种纯天然的珍稀名贵食用菌类，被誉为"菌中之王"。宋代《经史证类务急本草》有过记载。研究证明，松茸富含蛋白质，有 18 种氨基酸，14 种人体必需微量元素、49 种活性营养物质、5 种不饱和脂肪酸、核酸衍生物、肽类物质等。另含有 3 种珍贵的活性物质，分别是双链松茸多糖、松茸多肽和全世界独一无二的抗癌物质——松茸醇，是世界上最珍贵的天然药用菌类。松茸秋季的 8 月上旬至 10 月中旬采集、食用。有特别的浓香，口感如鲍鱼，极润滑爽口。

11. 牛肝菌(图 3-20)

牛肝菌是牛肝菌科和松塔牛肝菌科等真菌的统称，是野生而可以食用的菇菌类，其中除少数品种有毒或味苦而不能食用外，大部分品种均可食用。主要有白、黄、黑牛肝菌。白牛

图 3-19　松茸

图 3-20　牛肝菌

肝菌味道鲜美，营养丰富。该菌菌体较大，肉肥厚，柄粗壮，食味香甜可口，营养丰富，是一种世界性著名食用菌。白牛肝菌是林中菌类中功能齐全、食药兼用的珍品。经常食用牛肝菌可明显增强机体免疫力、改善机体微循环。

图3-21　鸡蛋菌

12. 鸡蛋菌（图3-21）

鸡蛋菌是菌类中的珍品，味道鲜美，有一种鸡蛋的香味。鸡蛋菌肉厚肥硕，质细丝白，味道鲜甜香脆。含人体所必须的氨基酸、蛋白质、脂肪，还含有各种维生素和钙、磷、核黄酸等物质。鸡蛋菌为古今中外颇为赞美的名贵食用菌，有益味、清神、治痔的作用。据《本草纲目》记载，鸡蛋菌还有"益胃、清神、治痔"的作用。现代医学研究证明，鸡蛋菌有增强人体免疫功能、预防肠癌、养血、润燥、健脾胃等功效。适用于食欲不振、虚劳怔忡、痔疮下血等。而且其营养丰富，对人体有非常好的滋补作用。是体弱、病后和老年人的佳肴，鸡蛋菌有养血润燥功能，对于妇女也很适合。它还具有提高机体免疫力，抑制癌细胞的作用，并含有治疗糖尿病的有效成分，对降低血糖有明显效果。

13. 红菇（图3-22）

菇是所有红菇的总称，也是正红菇的俗名，也称高山红（顶级红菇）、红椎菌，属担子菌纲，是一种真菌，其含有5种多糖、16种氨基酸和28种脂肪酸。红菇风味独特，香馥爽口。其味较之任何菇类都无法伦比的鲜甜可口；并含有人必需的多种氨基酸等成分。具有治疗肿瘤尤其肺部肿瘤、腰腿酸痛、手足麻木、筋骨不适、四肢抽搐和补

图3-22　红菇

血、滋阴、清凉解毒及治疗贫血、水肿、营养不良和产妇出血过多等疾病，还具有增加机体免疫力和抗癌等作用，经常食用，可使人皮肤细润，精力旺盛，益寿延年。

14. 黑虎掌（图3-23）

虎掌菌是一种珍稀名贵的野生食用菌，营养丰富，味道鲜美，肉质细嫩，香味独特，是十大名菌之一。虎掌菌过去主要产自野生，产量很少，采集困

难，价值相当昂贵。黑虎掌菌学名枣翘鳞肉齿菌，是著名的出口食用菌之一。菌体粗壮肥大、肉质细嫩，含有丰富的胞外多糖，不易破烂且营养丰富。据分析测定，其干品含 17 种氨基酸，其中有占总量41.46%的 7 种人体必需氨基酸，以及 11 种矿物质和微量元素。该菌性平味甘，有追风散寒、

图 3-23　黑虎掌

舒筋活血之功效，民间也用其作壮阳之用，有降低血中胆固醇的作用。

二、森林药膳养生

药膳是在中医学理论指导下，采用天然药物与日用食物，尤其是具有药用价值的食物，按一定配伍规则合理配制，经饮食烹调技术加工烹制成色、香、味、形俱佳的，既美味可口，又有一定疗效和养生作用的特殊膳食。药膳所用的原料多为药食两用，且已在民间和中医中流传数千年，无任何毒副作用，可以起到有病治病、无病强身的作用。森林里有许多野生的名贵中药材和各种生态食材，是制作药膳的理想来源。如野山参、灵芝、首乌、茯苓、桑黄、黄精、雪莲、石斛、三七、松露等都是天然的保健品。药膳既有食物的营养价值，又有药物的药用价值，对于调理亚健康，提高人体的免疫力具有特殊的作用，已经越来越受到大众的喜爱。

（一）药膳的保健作用

1. 调节人体阴阳平衡

阴阳平衡是人体健康的基本前提，一旦平衡被打破，健康就会出现问题。中医认为，阴阳失衡是疾病的根本原因。药膳具有寒热温凉的性味特点，能够纠正人体寒热的盛衰，通过"损其有余"和"补其不足"的方法来恢复阴阳平衡。例如，对于阳热亢盛的人，可以采用芦根粥和石膏粥等清泄实热的膳食。对于阴寒内盛的人，可以采用椒面粥和干姜粥等起到温热散寒的效果。而对于阴虚之人，可以采用二冬膏、玉竹粥等达到滋阴的目的。对于阳虚之人，则可以采用鹿角胶粥、附片炖狗肉等达到温补阳气的目的。

2. 调理脏腑

人体是一个有机整体，其以五脏为中心，如果某一脏出现病变，就会对其他脏腑的功能造成影响。药膳可以通过调理人体脏腑功能来达到恢复健康

的目的。例如，对于肺热之人，可以采用生芦根粥、枇杷叶、鱼腥草粥等起到清肺止咳化痰的效果。若是肝火旺盛之人，则选择菊花绿茶饮、芹菜粥等清肝泻火。如果是肾阴不足者，则可以食用天门冬粥、山萸肉粥等滋补肾阴。而对于有食滞、消化不良者，应先食用神曲末粥、山楂粥等开胃消食。对脾胃气虚的患者，可以食用健脾糕、参芪粥等补中益气。

3. 三因制宜

药膳理论来自中医学，讲究辨证论治，讲究个体差异和时空差异。不同的人群，不同的季节，不同的地理环境都要采用相应的药膳。例如，就季节来讲，春季可选择玫瑰五花糕、菊杏饮等来升散疏肝；夏季可选择百合粥、灯心竹叶汤等来清心散热；秋季可选择桑菊蜜糕、核桃芝麻糊等润肺滋阴；冬季可选择虫草炖老鸭来潜补肾阳。就体质来讲，体瘦之人多阴亏血少，应多吃滋阴生津之品；体胖之人多痰湿，应多食清淡之品。

(二)常见森林药膳品种

1. 山参松茸汤

主要材料：野山参、松茸。

功效：抗衰老、强心降脂、增强免疫力。

2. 灵芝黑白木耳汤

主要材料：灵芝、黑木耳、银耳。

功效：防癌抗癌、降压降脂、预防冠心病。

3. 首乌粥

主要材料：何首乌、大米。

功效：防癌抗癌、降压降脂、预防冠心病。

4. 白术茯苓山楂粥

主要材料：白术、茯苓、山楂。

功效：健脾祛湿、减肥降脂。

5. 黄精莲子薏米粥

主要材料：黄精、莲子、薏米。

功效：健脾益气、滋阴养胃。

6. 雪莲乌鸡汤

主要材料：雪莲、乌鸡。

功效：调理肠胃，调节内分泌。

7. 雪莲羊肉汤

主要材料：雪莲、羊肉。

功效：健脾温肾。

8. 铁皮石斛牛肉羹

主要材料：铁皮石斛、牛肉。

功效：补气健脾、强筋骨、提高免疫力、抗衰老。

9. 三七山楂粥

主要材料：三七、山楂。

功效：活血养肝、化痰降脂。

10. 天麻炖乌鸡

主要材料：天麻、乌鸡。

功效：补益气血、滋阴化痰。

模块三　森林温泉养生

温泉浴是指一种涌出地面的地下水，一般是由于地下水受到地球内部各种物质运动变化、地温作用、水蒸气压力的影响以及地壳结构的改变而形成的。现代医学研究认为，温泉对数十种疾病都有治疗或助疗作用。温泉浴可以单独应用，也可以作为综合治疗的一种手段，是一种良好的物理因子疗法。用水来减轻疼痛与治疗疾病，已被广泛应用于世界各地。

一、温泉浴的保健功效

(一)温泉浴的物理作用

1. 温度作用

温泉水治疗疾病可以通过调节水温来刺激周身神经末梢和表皮血管，从而达到一定的效果。如热水温泉浴，其较高的温度可用来消散许多疾病炎症过程的分解产物的排泄，加速化服过程，刺激组织再生，增加发汗，减轻疼痛。而冷水温泉浴，可以用来限制体表渗出液的形成或者抑制肌肤炎症过程的扩散和发展，能明显提高人体四肢的肌肉功能，发挥一定的镇静安神作用（图3-24）。

2. 静水压力作用

温泉中大的水压能压迫肌体周围静脉，影响腹部器官，使横膈膜上升变

图 3-24　森林温泉浴

（引自携程网，http：//piao. ctrip. com/dest/t70234. html?）

得容易，下降受到抑制，从而促进呼吸运动，由于浸浴时周围静脉受压，引起全身血液的再分配，循环血液量增加，血压略为增高，周围阻力变大，使心肌负担得到良性加重，因而能改善心血管机能性疾病的症状。

3. 温泉水浮力作用

人在浸浴中失去的重量一般为自身体重的 90 %，而且温泉水比普通水的密度和浮力要大，因此对一些如小儿麻痹、关节僵直以及肢体麻痹等有运动障碍疾病的人，在浸浴时间可使肢体轻便运动，利于肢体功能性恢复。

4. 液体微利作用

在浸浴时由于水温的变化而引起水分子对流运动以及水中气体的不断逸出，因而可对体表的神经末梢产生一定的按摩作用，这种温和的刺激作用于体表丰富而敏感的感受器，有助于人体的轻度镇痛，改善皮肤血管的扩张和体表血液循环。

(二) 温泉浴的化学作用

矿泉中含有大量的无机矿质离子，当人体与之接触时会对人体体表产生一定的刺激作用，有利于人体表面的损伤修复和机能恢复，在温泉浴中扮演着重要角色。

二、温泉浴步骤

首先，试探池温。先用手或脚探测泉水温度是否适合，千万不要冒然跳进温泉池中。其次，脚先入池坐在池边，伸出双脚慢慢浸泡，然后用手不停地将温泉水泼淋全身，最后让全身侵入到泉水中。再次，掌握时间，一般温泉浴可分次反复浸泡，每次为 15~20min，如果感觉口干，胸闷，就在池边歇一歇，动一动，再喝一些蒸馏水补充水分。

另外，享受温泉保健有"浸、淋、泳、涡流"4 种方法，分述如下。

(一)浸浴

1. 局部浸浴疗法

局部浸浴疗法是指将身体的某一部分浸浴在不同温度的池中反复浸泡，由于冷热水的直接刺激，引起全身产生一系列生理性改变，从而达到治疗的目的。操作方法：治疗时脱去外衣、袜子等，将治疗部位置于水中，热水浴(39℃以上)、冷水浴(25℃)、凉水浴(26~33℃)、温水浴(36~38℃)，每次 15~20min，每天 1 次，10 次为 1 个疗程。浴后擦干皮肤，进行保温，并令患者休息。

2. 全身浸浴

全身浸浴是指患者的全身浸入水中进行治疗的方法。操作方法：全身浸浴时，患者半卧于浴池中，头、颈、胸部在水面之上。

3. 热水浸浴

热水浸浴的温度范围为 37.8~41.1℃，持续 20min。短时间的热水浸浴可以通过扩张周围血管，促进热量的丢失以降低体温；但长时间的热水盆浴对于高龄老人、幼儿、体质衰弱、贫血、有严重器质性疾病或有出血倾向的患者绝对是不适合的。

4. 冷水浸浴

冷水浸浴是指水温低于 20℃，时间为 3~5min 或更短，每天 1 次，10 次为一个疗程。冷水浸浴后，用浴巾进行按摩。此种治疗有强力兴奋神经、强化心血管功能及提高张力作用。

(二)淋浴

淋浴是指在温泉花洒前由头至脚全身喷淋，在一定压力下喷射与人体的治疗方法。

(三)泳浴

泳浴是指在温泉池中畅游，热力按摩加上游泳锻炼，是项较高强度的有氧运动。

(四)涡流浴

涡流喷射的按摩作用可以缓解躯体六个部位(颈部、肩部、胸背部、腰骶部、大腿部及足部)的肌张力。涡流浴有热、浮力以及按摩作用,使患者的训练既有放松作用又有治疗作用。

三、温泉浴的注意事项

1. 卸掉金属饰品,避免空腹、饭后、酒后泡温泉。
2. 每次时间不宜过长,以 15~20min 为宜。
3. 高血压、心脏病患者谨慎使用。
4. 皮肤过敏者、孕妇、经期及术后不宜泡温泉。
5. 泡温泉后需及时补充水分。

模块四　森林园艺养生

园艺疗法,是指一种辅助性的治疗方法,借由实际接触和运用园艺材料,维护美化植物或盆栽和庭园,接触自然环境而舒解压力与复健心灵。这是比较权威的解释,通俗来说就是使人置身于绿色植被当中,通过养护、照料这些植物,与植物相伴,从而释放压力,舒缓身心,达到疗养的效果。

森林园艺养生则是指在森林或森林公园里实施,利用森林环境和资源进行园艺治疗的一种养生方法。

一、森林园艺养生的作用

森林园艺养生对人的身体和精神健康有着独特的作用。

1. 消除不安心理与急躁情绪,使人心态平和

置身于绿色植物中,精心去照料这些植物,能让人产生愉快的心情,放空思想,将烦恼抛之脑后,平复激动的心情,促使人们以冷静的情绪和客观的视角去看待这个世界。

2. 增加活力,治疗失眠

投身于园艺活动中,使人能够产生疲劳感,加快入睡速度,起床后精神更加充沛。白天进行园艺活动、接受日光浴,晚上疲劳后上床休息,有利于养成正常的生活习惯,保持体内生物钟的正常运转,这对失眠症患者有一定的疗效。

3. 刺激感官

植物的色和形对视觉，香味对嗅觉，可食用植物对味觉，植物的花、茎、叶的质感(粗燥、光滑、毛茸茸)对触觉都有刺激作用。另外，森林里的虫鸣、鸟语、水声、风吹以及雨打叶片声也对听觉有刺激作用。一般来讲，红花使人产生激动感，黄花使人产生明快感，蓝花、白花使人产生宁静感。鉴赏花木，可刺激、调节、松弛大脑。

4. 强化人体运动机能

人的精神、身体如果不频繁地进行使用的话，其机能则会出现衰退现象。局部性衰退会导致关节、筋骨萎缩，全身性衰退会导致心脏与消化器官机能低下，易于疲劳等。园艺活动，从播种、扦插、上盆、种植配置等坐态活动到整地、浇水、施肥等站立活动，每时每刻都在使用眼睛，同时头、手指、胳膊、腿都要运动，所以说它是一项全身性综合运动。老人、残疾人以及卧病在床者容易引起精神、身体的衰老，而园艺活动是防止衰老的最好措施之一。

5. 培养忍耐力与注意力

园艺的对象是有生命的花木，在进行园艺活动时要求慎重并有持续性。例如，修剪花木时应有选择地剪除，播种时则应根据种粒的大小覆盖不同深度的土壤，这些都需要慎重与注意力。因此，长期进行园艺活动，无疑会培养忍耐力与注意力。

6. 提高社交能力和自信力

参加集体性的园艺疗法活动，以花木园艺为话题，容易产生共鸣，促进交流，培养与他人的协调性，提高社交能力和自信力。

二、森林园艺养生的分类

(一)保健植物养生园

根据植物不同的自然疗效，人们在不同的绿色植物空间锻炼休息后达到防病健身效果。在森林康养基地的不同区域种植不同种类的树种，可以起到不同的养生保健效果。

1. 松柏林

松柏类植物分泌的挥发物质具有杀死结核菌的作用，胡萝卜素和维生素 C 是对人体健康有益的物质，松花粉有润心肺和益气的作用。人们在这类环境中活动后有祛风燥湿的效果和舒筋活络的感觉。这类绿色空间，使人们在锻炼活动休息中，获得健身功效。主要种植的代表种类有雪松、湿地松、龙柏、罗汉松、龙柏球等。

2. 银杏林

银杏果实是名贵药材，叶子可提炼抗癌药物，叶片含有双黄酮等类物质。在银杏树下锻炼活动使人感到阵阵清香，对胸闷心痛、痰喘咳嗽等心肺疾病有天然的辅助疗效。一定数量的银杏纯林为患有心肺疾病和开展保健心肺活动的人们，创造了自然保健活动的绿化空间环境。

3. 香樟林

香樟枝叶含有樟脑油，能分泌挥发出多种对人体健康有益的物质和丁香油酚等。人们在樟树林中锻炼活动有祛风湿、行气血、暖肠胃等自然健体的疗效。

4. 竹林

竹子是优良的园林绿化和旅游观赏植物。竹子四季常青，竹叶清香，竹林幽静阴凉，是休闲避暑的好地方。身处竹林，能让人心旷神怡。其次，竹笋营养十分丰富，既可食用，又具有很高的药用价值。

(二)芳香植物养生园

芳香四溢的花园环境能令游客驻足欣赏，产生轻松舒畅的感觉。不同香味的植物可对嗅觉产生不同的刺激效果，一些香味植物距离很远就可闻其香味，一些则需要近距离接触，一些则晚间才散发出香味，亦有一些要轻揉叶子才能散发香味。我国是芳香植物种类最多的国家，据统计有56科340余种。在森林康养基地设计中，可设芳香植物专类园。专门规划出区域种植具有芳香气味、姿态优美或花形美丽的植物，如牡丹花、茉莉花、兰花等。并配置一定比例的常绿植物，运用嗅觉感受作为视觉感受的有益补充，虚实结合，使保健养生效果更加完美。此外，选择芳香植物时要注意控制香味的浓度，确定1~2种芳香植物为主要的香气来源，控制其他的种类和数量，避免香气混杂、香味过浓等给人带来头晕、胸闷等不适反应。常见香花种类的保健养生功能介绍如下：

1. 解郁类

常见有牡丹花、梅花、紫罗兰、柠檬花、木芙蓉、凌霄花、迎春花、郁金香等，用于情绪不乐、抑郁寡欢的人群。

2. 宁神类

常见有合欢花、菊花、百合花、水仙等，用于烦躁易怒、性急和失眠等症状。

3. 增智类

常见有菊花、薄荷、茉莉花等，使人思想清晰、敏捷、灵活，有利于儿童智力发育。

(三)颜色植物养生园

色叶林带是通过植物色彩以及其色彩变化对游客产生的视觉冲击，从而改变其心境的一种有效手段。通过不同颜色、形态的具有观赏价值的花叶，提供不同的视觉效果。形态各异的植物带给人的是启迪和向往。鲜艳夺目的暖色调，令人欢欣鼓舞，精神振奋；特点为静、幽、清的冷色调，给人静谧祥和之感；中性色配以暖色给人以醒目雅致之感。

一年四季，树叶的颜色随季节变化，春季的新绿、夏季的浓绿、秋季或红或黄、冬季枝干美丽，不同的景观给游人带来不同的视觉感受和心境。同时根据不同植物不同季节的景观特点，设计出各种视觉植物园。如春色叶植物园，可以栽种红枫、五角枫、元宝枫、臭椿、卫矛等；常色叶植物园，可以栽种紫叶李、金叶女贞、紫叶小檗等；斑色叶植物园，可以栽种洒金珊瑚、花叶假连翘、斑叶八角金盘等；秋色叶植物园，可以栽种银杏、白蜡、火炬树、柿树、黄栌等。另外，还可专设白色园、红色园等单一色彩的小花园，种植同种色彩的植物，引导一定的视觉效果。

(四)林果植物养生园

森林康养基地利用原有的各种果树，如橘、枇杷、杨梅、桃树、樱桃等。由于各种果树的花期及结果的时间段不同，因此，康养基地内的经济果林为游人提供了四季迥异的景观，尤其是在春夏两季，各种果树的花与果交替成为园内的主角。同时开辟体验园，让游客自己栽种水果、蔬菜和香草。随手采摘亲手栽种的蔬果与友人分享，可使栽种者获得成就感和满足感，增强生活乐趣和对生活的热情。

(五)中药植物养生园

中医认为，草本药物的香气通过口、鼻、皮毛等孔窍进入体内，可以影响五脏的功能，平衡气血，调和脏腑，祛病强身。这个理论也得到了现代医学研究的证实，气味分子可以促进人体免疫球蛋白的产生，提高身体抵抗力，同时能调节全身新陈代谢，平衡植物神经功能。

森林康养基地可以开辟出专门的区域种植各类地道中药材，并且按其功效分类分区。游客在中药园里可以一边沐浴在药物的幽香之中，一边学习中药植物的辨认、栽培，还可以学习各种中药的保健养生功效。在药材成熟的季节，游客还可以亲自实践采摘药材，亲手制作中药材标本，甚至还可以亲自制作药膳。

(六)园艺活动养生

1. 园艺活动的保健作用

园艺活动可以增加人的心理健康，改善生活质量，从身体、精神、保健、社会性等几个方面对人的健康产生积极的影响。

(1) 园艺活动如播种、施肥、浇水、除草、整地等可以进行全身性运动，锻炼身体的协调性，强化运动机能，从这个意义上来讲，也可以延缓衰老。

(2) 参与园艺活动的人置身于花园、菜园等环境中，可以放松精神、减缓疲劳，同时劳作中需要投入大量的精力，可以使人暂时摆脱悲观情绪，抑制冲动，因此可以消除急躁感，有效控制情绪。

(3) 园艺活动多为群体活动，在劳作过程中，相互之间交流协作，可对自己感兴趣的各种话题进行交流，会培养与他人的协调性，提高社交频率。

(4) 园艺活动本质上是一种种植活动，看到自己培育的蔬菜瓜果长大成熟，人心里会得到很大的满足。同时，植物生长、开花、结果、死亡，可以让老年人逐渐认识到自然界不可抗拒的生老病死规律，逐渐接受衰老过程，消除对死亡的恐惧感。

2. 园艺活动的实施

(1) 活动内容及环境要求　进行园艺活动的目的大致可分为康复和娱乐两种。但不论哪种目的，园艺活动的内容都分为室内和室外两部分。①室内活动包括简易种植、手工艺品制作(标本、花艺、盆景等)、花卉摆设等。进行室内种植活动时，应注意室内的光线、温湿度、土壤等条件是否适宜植物生长，如有不利因素，应作出相应调整。如果进行其他活动，如花艺、盆景等，也建议在宽敞、整洁的环境中进行，人们在这样的环境中心情舒畅，效果更佳。②室外活动与室内活动相比，游客的活动量更大，活动的区域也更广。人们可以种植花卉、蔬菜，甚至药材；种植地可以选在露地，有条件的也可以在温室进行。种植的材料也十分丰富，包括播种、育苗、移植、收获、松土、除草、浇水、施肥、修剪等。既可以参与其中一两种活动，多人合作共同完成，也可以在时间和身体条件允许的情况下全程参与。

(2) 材料与用具　进行园艺活动选择的植物材料应易于成活，抗性强，

图 3-25　园艺作业法

管理粗放，长势强健，最好具有鲜艳的色彩或香气，如月季、桂花；植物自身的生长习性要符合当地的环境条件；要选择繁殖容易的种类；根据森林康养者的爱好，也可以选择一些名贵植物，如兰花等；还可考虑种植一些可食用的种类，如樱桃、番茄、彩椒等，可食可赏。如图 3-25 所示，是常见的园艺作业法。

单元四

森林康养心理辅导

　　本单元是利用森林特定的环境进行放松训练、五感训练与团体辅导技术，通过呼吸放松、想象放松使肌肉得到充分放松，从视觉、听觉、嗅觉、味觉、触觉对外界充分感知，使身心得到适当休息从而解除疲劳，降低中枢神经系统的兴奋性，缓解由情绪紧张而产生的过多能量消耗，把人与自然充分融合于一体，挖掘出心灵与自然之间强烈的情感联结，达到天人合一之境界。

模块一　放松训练

放松训练是以一定的暗示语集中注意力，调节呼吸节奏，使肌肉得到充分放松，从而调节中枢神经系统兴奋性的方法。它具有以下功能：降低中枢神经系统的兴奋性；降低由情绪紧张而产生的过多能量消耗，使身心得到适当休息并加速疲劳的恢复；为进行其他心理技能训练打下基础，如催眠、冥想等。

常见的放松训练方法有呼吸放松、肌肉放松、想象放松。

一、呼吸放松

呼吸是人的一种正常生理现象，最简单的放松技术就是横膈膜呼吸放松，即有控制、有节律地进行腹式深呼吸。

操作要领（按动作次序）：①安静，让心静下来；②用鼻孔慢慢地吸气，想象"气从口腔顺着气管进入到腹部"，随着吸入气体的不断增加，腹部慢慢地鼓起来；③吸足气后，稍微屏息一下，想象"吸入的氧气与血管里的浊气进行交换"；④用口和鼻同时将气从腹中慢慢地自然、匀速吐出，腹部慢慢地收进去；⑤睁眼，恢复原状。如需连续做，可以保持入静姿态，重复呼吸。这种呼吸方式称为腹式呼吸。呼吸放松的特点是见效快。在紧张时，只要进行深呼吸2~3次，就可以起到放松的作用（图4-1）。

青年人在某些特殊的情况下，例如，在考试之前，容易感觉紧张，但是

图4-1　放松训练

又没有时间和场地来慢慢练习上述放松方法。此时，最简便的深呼吸放松法，可以帮助自身镇定。具体做法：站定，或者坐定，双肩下垂，闭上双眼，然后慢慢地做深呼吸。可配合自己的呼吸节奏，内心默诵指示语：一呼…一吸…一呼…一吸…深深地吸进来…慢慢地呼出去…深深地吸进来…慢慢地呼出去…，如此缩环重复。

二、肌肉放松

当出现压力过大时，我们的肌肉就会僵硬。这是肌肉组织对危险做出警觉反应，肌肉放松技术是通过有意识的调控主要肌肉群的收缩和放松，达到自动地缓解紧张，实现放松的目的。肌肉放松训练时保持心情轻松，舒适地坐在椅子上，着宽松无束缚的衣服并摘掉身上的眼镜、手表等物品。依次紧张身体的某部位 10s 再放松 5~10s。

本节将介绍一种最常用的肌肉放松法：

1. 头部放松

用力皱紧眉头，保持 5s，然后放松；用力闭紧双眼，保持 5s，然后放松；皱起鼻子和脸颊部肌肉，保持 5s，然后放松；用舌头抵住下腭的门齿，口尽量张开，头向后抬，保持 5s 后放松。

2. 颈部肌肉放松

将头用力下弯，努力使下巴抵达胸部，保持 5s，然后放松。

3. 肩部肌肉放松

将双臂平放体侧，尽量提升双肩向上，保持 5s，然后放松。

4. 臂部肌肉放松

将双手掌心向上平放在座椅扶手上，握紧拳头，使双手及前臂肌肉保持紧张，将续 5s，然后放松；侧平举张开双臂做扩胸状，体会臂部的紧张感 5s，然后放松。

5. 胸部肌肉放松

将双肩向前收，使胸部四周的肌肉紧张，保持 5s，然后放松。

6. 背部肌肉放松

将双肩用力往后扩，体会背部肌肉的紧张感 5s，然后放松；向后用力弯曲背部，努力使胸部弓起，挤压背部肌肉 5s，然后放松。

7. 腹部肌肉放松

尽量收紧腹部，好像别人向你腹部打来一拳，你在收腹躲避，保持收腹

5s，然后放松。

8. 臀部肌肉放松

夹紧臀部肌肉，收紧肛门，使之保持紧张 5s，然后放松。

9. 腿部肌肉放松

绷紧双腿，伸直上抬，腿离地面 20cm，保持 5s，然后放松。

10. 脚趾肌肉放松

将脚趾慢慢向下弯曲，仿佛用力抓地，保持 5s，然后放松；将脚趾慢慢向上翘，保持紧张 5s，然后放松。

以上从头到脚 10 个部位的肌肉放松连续完成，所有动作应熟练掌握到能连续完成，并在各种情境下都能自如运用。建议在早晨醒来后和夜晚临睡前各做一遍，或者在感到焦虑紧张时进行放松。

三、想象放松

通常情况下，常见的有 3 种情景：第一种是想象如五关斩六将等美好的事情；第二种是想象如你的偶像，正在做偶像做的事情；第三种是想象如大自然美好的景色。我们可以通过自我放松去控制情绪，用心理过程来影响生理过程，从而解除紧张、焦虑的情绪。在操作前，需要了解自己在什么情景中最感舒适、惬意，如想象在大海边，森林中，或草原上。想象放松前，要求心无杂念、坐姿轻松、闭上双眼，然后由指导者给予言语指导，进而自行想象，同时可辅助播放一些轻柔放松的音乐。

想象放松指导语：例如，现在请你躺好，轻轻的闭上你的眼睛，随着这优美的音乐，让心情慢慢平复，让你的身体慢慢的全面的放松下来……放松……现在你已经完全放松了，你内心平静自然，心无杂念。此时此刻，你的心灵慢慢升起，离开你的躯体，来到一片风景优美的草地上。这是一个初夏的午后，你迎着轻轻的微风，缓缓地走在这一望无际的绿悠悠的草地上，草地上点缀的星星点点的小花随着轻风微微的向你点着头。你来到不远处的小湖边，湖心一片连绵的荷叶浮在清澈的水面上，含苞待放的荷花婀娜地立在其间，偶有几只蜻蜓点水飞过，湖面便荡起圈圈涟漪。此时，你看着眼前的美景感觉自己的身心豁然开朗，有一种非常舒适的感觉在你的身体里蔓延开来。你席地而坐，慢慢地躺在柔软的草地上，闭上眼睛，享受着美妙的时刻。湛蓝的天空中飘着几朵白云，轻盈地如棉絮般，你感觉自己坐在了一片白云上，随着它慢慢漂移，感到绵软而踏实、自由自在、无拘无束，内心充满了宁静祥和，一种舒适平安的感觉慢慢的聚集到你的心里，你感觉到自己的身心非常安逸，非常放松，非常舒适，非常平安，请你慢慢体验一下这种放松后愉悦的感觉……现在，你的心灵随着白云渐渐的漂移到你的躯体，慢慢的与你的身体合二为一，你觉得浑身都充满了力量，心情特别的愉快，你的头脑开始渐渐的清醒，思维越来越敏捷，反应更加灵活，眼睛也非常的有神气，你特别想下来走走，散散步，听听音乐。准备好了吗？好！请你慢慢的睁开眼睛，你觉得头脑清醒，思维敏捷，浑身都充满了力量，你想马上起来出去散散步。

经常进行放松训练可以增强记忆、稳定情绪、提高学习效率，长期坚持训练还可以改善人的性格，消除不健康的行为，对焦虑症、强迫症、恐怖症等神经症有良好的治疗效果，甚至对一些身心疾病也有广泛的治疗作用，对于缓解紧张的心理压力更是效果显著。

模块二　五感训练

一、五感的概述

五感，是指形、声、闻、味、触，即人的五种感觉器官：视觉、听觉、嗅觉、味觉、触觉。形，是指形态和形状，包括长、方、扁、圆等一切形态和形状、颜色、大小、多少、方向、行为、外貌。声，是指声音，包括高、低、长、短等一切声音，分发出声音，听见声音。闻，是指嗅觉，是微粒在黏膜中的反映，如香、臭。味，是指味道，包括苦、辣、酸、甜、咸、鲜等各种味道。触，是指触感，包括触摸中感觉到的冷热、滑涩、软硬、痛痒等各种触感。

二、五感实操训练

(一)视觉

1. 形状

导语：我们每个人都有一双明亮的眼睛，这双眼睛可以观察社会，观察自然。

格例：

天边的月牙儿像一把镰刀；

雪地里猫的脚印像朵朵梅花；

燕子的翅膀尖又尖；

山中的小溪弯弯曲曲。

形状信息最简格

格序：地方＋物＋形状或物＋部位＋形状。

形状信息强调格

格例：

山羊有一双弯曲的角，圆睁的眼，飘动的胡须。

片片落叶，在风中翻动着，旋转着，飘飞着。

花有细长的茎，扁扁的叶和重重叠叠的花瓣。

格序：物＋形状

2. 颜色

走进自然，你会闻到一股香气，你可知道这香气是谁的杰作？对，源于它们的制造者——花儿。花儿五颜六色，给大地的绿衣裳绣上了五彩缤纷。要是没有它们，那大地岂不是会很单调。

导入：文章要写景写物，我们的眼睛除了看形状外，还要看颜色，我们作文要描述得绘声绘色怎么能离开颜色呢？

格序：

红花，绿叶，青山，绿草，蓝天，黑发等。

颜色信息最简格

格例：

梨园的梨花白似雪；

草坪的小草绿油油；

紫色的葡萄爬满了院子；

蓝色的文具盒装在书包里。

格序：

地方＋物＋色或色＋物＋地方。

颜色信息强调格

格例：

西瓜绿色的皮，红红的瓜瓤，黑色的籽。

花有紫色的茎，绿色的叶子，红色的花瓣。

格序：物＋色。

例文：

阅读大自然

走进大自然就像阅读一本书，它包含了许多的知识和无穷的奥秘，等着我们去探索，研究。

走进自然，你会看到许多绿色，为大地穿上一件绿衣，它们是小草。小草虽然很不起眼，但是它顽强的生命力让我震撼。它弱小而平凡，任何地方都能够瞧见它们的踪迹。无论人们怎样践踏，无论遇到什么风险，它总是毫不畏惧。即使是秋天，草已枯黄，可一到春天，它们又会破土而出，这不禁让我想起了白居易的诗："野火烧不尽，春风吹又生。"走进自然，我理解了自然。

花开花谢单调吗？它们总是默默地开放自己，默默地凋谢自己。在不远处，我看见一些清洁工人正在打扫卫生。他们默默无闻，为人类做出贡献。我想，他们所具有的品格，不正是花儿们的品格吗？他们散在草丛里，像眼睛，像星星，还眨呀眨的。它们凋谢后，又回到大地，回报大地对它们的滋润，这让我又想起龚自珍的一句诗："落红不是无情物，化作春泥更护花。"走进自然，我了解了自然。

走进自然，你会听到潺潺地流水声。是的，这是小溪的杰作。它们有目的的奔流着，不分昼夜，坚持不懈，涌入大海的怀抱。每一个石头，每一堆泥沙，都能阻止它们的前进。但是它们不怕，一直向前，最终能到达目的地。我们中学生，不正是要学习它们这种不怕艰难险阻，勇往直前的精神吗？古话说得好："千淘万漉虽辛苦，吹尽狂沙始到金。"走进自然，我读懂了自然。

走进自然，亲近自然，让我们一起去探索自然吧！

（二）触觉

导语：我们每天都要和万物接触，北风和大雪使你冷得发抖，柔和的春风又使你温暖舒畅。刀子割了手，使你疼痛难忍，小猫舔了你的脸蛋，又使你酥痒异常。作文要写出"感同身受"，就不能忽略触感带给你的珍贵礼物——冷暖、滑涩、痛痒、软硬…。

触感信息最简格

春天的泥土软绵绵的；

刚出笼的包子热得烫手；

书包里的笔袋软绵绵的；

北大荒的凉馒头硬得如铁。

格序：时间＋物＋触感或地方＋物＋触感

触感信息强调格

格例：

黑板又硬又凉又涩；

阳光像一只温暖的大手，爱摸着冰冷的三江平原，不多久，坚硬的冻土酥软了；

寻一颗熟杨梅放在嘴里，舌尖触到平滑的刺，感到细腻而柔软。

格序：物＋触感

（三）味觉

导语：生活中不管是瓜、桃、李、枣还是菠萝等，它们都以独特的美味奉献给人类，使我们生活多滋多味。我们写文章也要写的回味无穷，怎么能把味道写到文中去呢？

味道信息最简格

格例：

山西的老陈醋能酸倒你的牙；

中药铺的药材很苦；

酸溜溜的葡萄搭在架子上；

辣辣的大蒜长在地里。

格序：地方＋物＋味道或味道＋物＋地方

味道信息强调格

格例：

苹果没熟的时候又酸又涩，熟透了的苹果又香又甜；

小明尝到了成功的甜，失败时的苦，受到冤枉时的酸。

格序：物（人）＋味道

例文：

我尝到了学习的苦与乐

我的心中总是飘荡着一首歌，歌词是这样的："当你吃着一颗糖的时候，你会感觉到又涩又酸，等这味道过去了，你就会尝到甜。"这首歌虽然很短，但它藏着一定的道理。

"你这次数学又考了80分，这最近是怎么了？"老师用责骂的语气批评我，我想，我平时在班上都是前五名的好学生，最近成绩咋下降的这么快，这时，我忍不住流下了悔恨的眼泪。当我拖着沉重的步子回到家时，迎来的又是一顿责备，妈妈一晚上都不高兴，爸爸也只是看了一小会儿电视，就睡了，根本不理我，这都是我考试不好的原因造成的。回想起平时，每天我写完作业，妈妈爸爸总是嘱咐我做数学题，但我就是不做，才造成经常不复习、老骄傲的坏习惯。从此，我下定了决心，要踏踏实实的好好学习。

之后每天晚上，我都要做一整套的数学题，有不会的题，自己要研究好久，非要得出答案才甘心。而且每个星期天还要上补习班。就这样，功夫不负有心人，我在又一次考试里，把 80 分的成绩提到了 97 分，当我拿卷子回家时，妈妈爸爸用一句句表扬和喜悦的话来鼓励我，当时我心里美滋滋的。

我耳边又回想起了那首歌，我想，人的一生几乎全是在学习中渡过的，尝到学习的苦，才会体会学习的甜，那时，我们才会进步。

(四)声音

导入：提起声音都不陌生，我们生活在声音的海洋里，好的声音尤其是优美的悦耳的声音，像空气一样滋润着每个人的生命。

例：潺潺的流水声；鸣蝉在树枝上长吟；婉转的鸟语声 汪汪的狗叫声；田野里蛙声等

声音信息最简格：

鸟在树林中唱歌；

蟋蟀在草丛中弹琴；

呼呼的北风刮过树梢；

隆隆的雷声划过长空。

格序：物 + 地方 + 声或声 + 物 + 地方

声音信息强调格

格例：

运动场上有各种声音，有发令员的枪声，有运动员的跑步声，还有观众们的喝彩声。

动物园里有各种声音，如小狗汪汪叫，小猫喵喵叫，山羊咩咩的叫。

格序：地方 + 物 + 声

例文：

四季之歌

柔和的音乐，给人以舒服的感觉；劲爆的歌曲，使人热情高涨；而四季之歌，以它优美的旋律，带给人许多美丽的遐想……

春天——生机勃勃

盼望着，盼望着，春姑娘踏着轻盈的步子来到了。一切都像刚睡醒的样子，欣欣然张开了眼。先是雷公公敲响沉闷了一冬的大鼓，细雨无声地悄然而落。淅淅沥沥，弹着曲子。花草们也苏醒了，迎着微风舞蹈。蝴蝶、蜜蜂，成千成百的，在花间飞舞。小河仿佛又欢快起来了，向前奔跑着。小孩儿也在草上放风筝，清脆的笑声多么悦耳！累了的人们就在河边戏玩。风轻悄悄的，草软绵绵的。

夏天——烈日炎炎

夏天迫不及待地来临了，带来的是一股热风。知了趴在树干上唱着"知了，知了…"。风忽地刮来，却是热的。街上行人少了，都待在空调房里不肯出来。小河里，却随处可见孩子们嬉笑的身影。太阳还是孤零零的，无情地炙烤着大地。猎狗吐出舌头发喘，水牛在泥塘里打滚。风热乎乎的，草低着头。

秋天——果实累累

好不容易熬过了夏天，秋天紧跟着来到了。凉爽的秋风把落叶吹到了地上。果实也已成熟了，稻子穿上金黄的服装。苹果红彤彤的，挂在枝头，像害羞的小姑娘羞红了脸；梨黄澄澄的，像个黄色的宝葫芦，使人想起"孔融让梨"的古老故事，勾起对动画片《葫芦娃》的怀念……人们喜笑颜开，享受着丰收的乐趣。风清爽爽的，草枯黄黄的。

冬天——洁白无瑕

冬天，悄悄地来了。雪精灵在空中飘然而落，为万物披上了白装。白茫茫，是这时候的概括。植物们，动物们，都沉沉地睡着；人们奔出屋外，尽情享受这白色世界。滑雪，堆雪人，打雪仗……都是我们喜爱的娱乐方式。若还不适，还可坐在一旁，静静观赏这冬天美景。人们的欢笑在四周回荡。风寒冰冰的，草睡着了。

啊，四季！你以不同的身姿，向世人展示了优美的舞姿，清脆的歌喉，我们赞美你

(五)感情交融

导语：写出景物描写的五感有两个目地，一是生动具体；二是打动人心，令人喜爱。五感与情交融，如同绿叶映红花，在五感的基础上写出情，这叫情景交融。

看山，山有意；听雨，雨生情；观花，花有泪；抚琴，琴有喜怒哀乐。

能写出来，你的作文就有很大进步。

感情交融信息格

格序：事物＋五感＋情

格例：

公园里柔软的小草布满了弯曲的小径，梅花吐香，山茶流红，小楼上又传出轻柔的歌声，我爱这美丽的公园。

我们村的东头有一口古井。井里的水清凉可口。村里的人都到这儿取水。桶儿叮叮当当，扁担吱悠吱悠，像一支支快乐的乡间小曲。门前的路面湿漉漉的，老是像刚下过一场春雨似的。那口古井，只占巴掌大的一块地方，它对人无所求，像一位温情的母亲，用她的甜美的乳汁哺育着她的儿女。

冬天，皂荚树落叶了。枯黄的小叶子，打着旋儿，不断地飘落，在地上铺了一层又一层。这时候，我们就把树叶扫到一起，堆放在墙脚下。

记得有一天，天气很冷，同学们欢叫着点燃了一堆树叶。轻烟袅袅，褐红色的火苗升了起来。飘舞的轻烟和跳动着的火苗，映在我们的笑眼里，引起了我的沉思："皂荚树啊皂荚树，你曾经自己淋着，给我们挡雨；你曾经自己晒着，给我们遮阳；现在你又燃烧着自己，给我们温暖。皂荚树啊，你给了我们多少快乐，多少启迪。"想着想着，我的心里，好像有一颗种子在生根、发芽……

例文：

秋天的叶子

我十分喜爱秋天的叶子，特别是枫叶。它裹着火红的外套，就像一位美轮美奂的小姐，娇小无比，十分可爱。摘一片在眼前，那熊熊燃烧的火炬让我心里激情四溢。我小心翼翼地捧起它，哇，它的身体多像一只婴儿的小手啊。柄把茎脉伸展到叶子的四面八方，如同一张用自己毕生心血编织的大网把树叶团团围住。茎脉周围呈黑红色，茎脉比叶肉微深一点。我把枫叶朝着太阳，举过头顶，啊！如同殷红的鲜血流遍它的全身。成片成片的枫叶林，远远望去，好似一大片一大片的火同时燃烧，在风的吹动下，左右摇摆，杜牧写得好："停车坐爱枫林晚，霜叶红于二月花。"如今，我终于体会到这首诗的意境了。这些火红的枫叶让人觉得，虽然是在寒风习习的秋天，但心里却是暖融融的。

忽然，一片银杏叶飘悠悠地落在我脚下，我捡起来，仔细地端详着，小巧的树叶在风中抖动着，犹如一把精致的扇子，不停地扇动。如针织般的茎脉光滑无比。一阵秋风吹过，树叶纷纷落下，有的像蝴蝶一样翩翩起舞，有的像小鸟一样展翅飞翔，还有的如舞蹈演员一般姿态生风，地上一片金黄，好像一张地毯，走上去，"嘎吱"地响。

我爱秋叶，它无私奉献着——"落红不是无情物，化作春泥更护花"。你把自己的生命献给了下一代，我爱你——秋叶！

(六)五感信息叠加

导入：

一朵花是"一枝独秀"，但不如百花争艳更惹人喜爱，一颗明珠，晶莹剔透，但不如百珠成串，能产生灿烂的光环。我们应该把形、声、色、味、触获得的不同信息，串成一条项链。

五感信息叠加

格例：

绿色的办公室沐浴在柔和的晨光中，列宁已经坐在树桩上开始了一天的工作。他埋着头，双膝托着文件夹，笔尖在稿纸上沙沙地画着。身旁的草地上放着几页已经写好的稿子。不远的地方，篝火还在燃烧，锅里的早餐散发出一阵阵香气。列宁全神贯注地工作，他忘记了周围的一切。

酸枣丛开着鹅黄色的小花，散发着清凉的幽香，有的已结出绿豆般的小青果。

猕猴桃是深山的野果，维生素 C 是橘子的十倍，苹果的二十倍。它的外皮灰中带着棕黄，摸起来毛绒绒的，刚摘下来时硬邦邦的，吃起来酸溜溜的，还有点涩味。存放些日子，就渐渐变软，吃时还带着咯吱咯吱清脆的响声……它是公认的"水果之王"。

格序：事物 + 五感

例文：

感受大自然

这是一个五彩缤纷的世界，正是有了大自然的几分姿色，让世界变的更加丰富多彩。大自然的景色，让人想变成蝴蝶飞到世界的各个地方去游览一番。好多地方的景色让人留连忘返。这，就是大自然的神奇。大自然的四季更是让人回味无穷。

秋天，树枝上的绿叶变成黄色，纷纷落下。给地上铺上了一层金色的地毯，踩上去发出"吱吱"的声音。天气漫漫变凉，让人感觉悲凉。街上也变的寂静了。也没有了大自然的生机勃勃。

冬天，最美的是下雪的时候了，它给大地穿上了新衣服，一眼望去，到处都是白的。像是到了另一个世界。天气虽然冷，但是孩子们还是那样高兴，打雪杖，堆雪人。看到他们。便勾起了我的回忆。我之所以喜欢雪，那是因为雪的纯洁，似乎让人一下子忘掉了所有的烦恼，变的开心了。

春天，树上长出了嫩绿的新芽，万物从沉睡中苏醒过来。早晨，打开窗户，闻到了雨后的清新，闻到了花儿的幽香，看到了鸟儿在树枝上欢快的歌唱，风儿吹过湖面，泛起层层微波。

夏天的夜晚是宁静的，到处漆黑一片，但虫鸣声打破了这宁静的夜晚。虫子们奏起了"交响乐"，天空中，出现了一闪一闪的亮星星，看着这美丽的星星，想起了牛郎织女的故事。还有那皎洁的明月，看着这一切，进入了甜美的梦乡。

大自然不光是四季美不胜收，它的景色到处都是那么的美丽。

来到泰山的顶峰，看到这的景色，真的是好美。伸起手，似乎抓到了云，凉凉的，感觉好舒服。闭上眼，深呼吸，似乎闻到了大自然的气息。望眼看去，那一座座山映入眼帘，是那样的小。那就像是诗人所说："会当凌绝顶，一览众山小。"

来到海边，看着这一望无际的海，吹着和煦的海风，忘掉了许多的烦恼。天空和大海相映，在天空下，人们尽情的冲浪，这时，大海泛起了层层大浪，波涛如怒，发出了巨大的响声。海鸥从海上飞过，似乎留下了痕迹。这一切是多么的美好。

大自然的景色是无法用语言能形容出来的，它的美用心才能去感受。

希望大自然的这种美是永久不灭的。

(七)五感信息渐变

导入：自然界中一切事物，都在悄悄的逐渐变化。我们获得信息的同时，也要看到事物的渐变，我们不但要写固定不变的事物，还要会写流动多变的事物，这样才能更加精巧细密地言物写景。

五感信息渐变格辨析与训练

格例：

圆圆的月亮，像大玉盘子似的挂在天空，月亮已经不是圆的了。好像被什么咬去了一块似的，渐渐的成了小船一般，接着像镰刀，像眉毛，像弯弯的细钩，天色越来越暗，一会儿，细钩也不见了，整个月亮被黑影吞没了。（形变描写）

王小玉……唱了几句，声音起初不甚大，只觉得入耳，有说不出来的妙境……唱了十几句后，渐渐地越唱越高，忽然拔了一个尖儿，像一线钢丝，抛入天际，观众不禁暗暗叫绝。（声变描写）

黎明天边渐渐出现了一片鱼肚白，接着鱼肚白转为绯红，不一会，绯红变成金黄，很快一道红光喷射而出，天边跳出一个火红的太阳。（色变描写）

格序：事物＋基点＋变化

例文：

可喜的变化

今年春节，妈妈准备带我去外婆家，看望外婆。当时，我的心情又喜又忧。喜的是马上就见到外婆了，忧的是我这个城市宠儿过的贯外婆家的苦日子吗？

事情要从我八岁那年说起。那年我和妈妈回外婆家，一下车，我和妈妈就走在泥泞的小路上。那路到处都是烂泥，只要一不小心，它准会给你个"四脚朝天"，让你终身难忘。

我和妈妈好不容易走到外婆家，我穿的鞋已经成了地地道道的"泥鞋"。这还不算，真正的苦还在后面呢！外婆家是个木头房，又歪又斜，仿佛要倾倒似的。我时刻担心房子倒下压住我们。第二天又下起了大雨，家里就漏个不停，于是，就得全家总动员了，拿起木桶盛水，大家十分紧张。吃的呢？唉，就别提了，有几碗地瓜粥就不错了。

"阿芳，快点收拾带的东西，准备走了！"听了这句话，我便越想越害怕，就对妈妈说："不然我们不去了吧！"妈妈反驳道："你不想去见外婆吗？"于是，我们母子俩就上路了。不久，妈妈就对我说："外婆家到了，快下车。"我从座椅上起来，向外面看了看，这下我惊呆了，这里到处呈现出一派欣欣向荣的景象：泥泞的小路变成了宽敞的大路，川流不息的车辆神话般的在我眼前穿梭，令人眼花缭乱……我一看急了，忙问："妈妈，我们是不是走错了路，这不是外婆家。"妈妈听了笑着说："小祖宗，你下了车，自然就会明白的。"我半信半疑地下了车，看到眼前的一切，惊呆了。一幢二层小楼出现在眼前，门口站着一个老太太，仔细一看，原来是外婆。外婆把我请进了屋，我也不知咋地，一直望着里面，里面有电视、空调……不久，开饭了，我吃着精美的饭菜，喝着鲜美的鱼汤，心里不禁起了个"？"我把心中的"？"告诉外婆，外婆说："这几年你舅舅承包的果树赚了钱，所以我们都过着好日子啦。"我听了连连点头。

社会在变，城市在变，农村也在变，这难道不是可喜的变化吗？

（八）感理信息交融格

导入：学会了五感形声色味触的运用，写景写物就会具体生动，但不能给人以启发、教育等。教育人、启发人都是理的作用，因此在五感的基础上必须学会喻理。

理有真理、常理、哲理，生活中的每件事都会包含着一个道理。只要用心去想，道理像空气一样无处不在，因此我们要学会喻理。

感理信息交融格

格序：事物＋五感＋理

格例：

柏树四季常青，枝如铁，干如钢，树叶密密实实，扁扁的如鳞片一般。像天坛的九龙柏，从树身并列长出九根粗细差不多的树杈，就像九条龙要飞上天似的，非常壮观，它是年龄高达五百岁的古柏。在百花凋零，万木枯寂的寒冬，唯独柏树能傲然挺立在冰雪之中，鳞片般的树叶依旧苍翠如故，启发人们战胜困难，不忘拼搏。

小草的根深深地扎进土层，伸向四面八方，可谓脚踏实地，根深蒂固。"疾风知劲草，"小草接受着各种考验。当狂风夹着暴雨疯狂地冲下去时，小草无遮无盖，一片片、一丛丛傲立在原野上。风吼着卷来，雨箭一般射来，但小草并不向狂风暴雨低头，并不慌张，反而顶着暴风雨，不屈不挠地抗争着。暴风雨终于弱了，消失了。经过暴风雨的洗礼，小草虽然有的斩了头，有的折了腰，但并没有屈服，它们更坚强了。"野火烧不尽，春风吹又生"。小草经受了狂风、暴雨、炎热、严寒的严峻考验，倔强地生存着，大自然赋予了它们多么顽强的生命力啊！

模块三　团体辅导技术

一、团体辅导（图 4-2）

团体辅导是从英文 group counseling 翻译而来的，group 可译为小组、团体、群体、集体等，而 counseling 可译为咨询、辅导和咨商。是指运用团体动力学的知识和技能，由受过专业训练的团体领导者，通过专业的技巧和方法，协助团体或员获得有关的信息，以建立正确的认知观念与健康态度和行为的专业工作。

团体辅导是在团体情境下进行的一种心理辅导形式，通过团体内人际交互作用，成员在共同的活动中彼此进行交往、相互作用，使成员能通过一系列心理互动的过程，探讨自我，尝试改变行为，学习新的行为方式，改善人际关系，解决生活中的问题。在团体成立之前，治疗师必须选择合适的治疗地点(需有安全保障性、舒适性)，确定有关治疗结构的一系列具体决定，如团体的名称、大小(团体人数)、团体的周期(8~10周为一个周期，或3个月一个周期，视辅导目标而制定)、新成员的加入、治疗频率(每周1次、两周1次或一个月1次)及每次治疗持续的时间等事项。即制订团体辅导方案(具体见实操部分)。

图4-2 团体辅导

1. 形成阶段

团体的开始阶段，通常是整个团体成败的关键环节之一。在整个团体的发展中，也是最困难和最具有挑战性的时期。

一般来说，以治疗师对团体的简短陈述(1~2min)作为开始，然后指导每位团员进行介绍，例如，性格、爱好、特长等。使每一个人都开口说话，参与到团体中并了解其他的团体成员。

2. 探索阶段

在这一阶段，团体成员们可能面临焦虑、抗拒以及矛盾冲突，而治疗师需要熟练掌握若干种团体活动或技能，帮助他们迅速破冰，加深了解，破除矛盾。

3. 凝聚阶段

即团体辅导的第三阶段，是指形成团体凝聚力过程(阶段)。经过以上两个阶段的冲突后，此时团体逐渐发展成为一个有凝聚力的整体。成员的关系由表及里、由浅入深，大家互相认同、互相信任，慢慢形成相互合作的团体气氛。

4. 结束阶段

结束阶段的目标是回顾和总结团体辅导中的经验，评价成员的成长与变化，提出离开团体后的进一步成长希望和目标。成员对团体辅导的经历做出个人评估，鼓励成员表达对团体结束的个人感受，让全体成员共同商议如何面对及处理已建立的关系，对团体辅导的效果做出评价，检查团体辅导中未解决的问题，帮助成员把团体辅导的转变应用于生活之中。

二、团体辅导实操训练

(一)第一次团体辅导

1. 单元目标

(1)澄清团体目标和成员参加团体的动机，帮助成员了解团体的性质。

(2)协助成员订立团体规范，促进成员尽快相互认识。

2. 活动程序

(1)"叠罗汉"

①给每位成员 3min 的时间，思考如何用最好记的方式介绍自己的名字和特点。领导者可以先进行自我介绍，作为示范。

②按顺时针方向，从某个成员开始介绍自己，按以下要求：

A. 先用一句话介绍自己，这句话中必须包含两个信息：姓名以及自己与众不同的特点。

B. 从第二个成员开始，每个成员在用一句话介绍自己时都必须从上一个人开始讲起，直到最后一个人都必须从上一个人开始讲起。

C. 一句话介绍完自己后，再用一两分钟的时间对自己的名字和特点作进一步的解释和说明。

D. 在介绍的过程中，每位成员都要集中注意力倾听。努力记住该成员的名字，而且每个人都有协助他人进行完整表达的义务。

③所有的成员都介绍完自己后，组织者引导成员进行思考和讨论：

A. 在刚才的游戏中，你说对了所有人的名字吗？你一共记住了几个人的名字？

B. 你采用了哪些方法来记住别人的名字？（或者你为什么没能记住别人的名字？）

C. 当别人准确地说出你的名字时，你内心的感受如何？当别人叫不出你名字时，你的感受又如何？

④组织者小结

A. 准确地记住他人的名字是与陌生人交往的第一个技巧，因为它表达了你对他人的关心和重视。

B. 记住他人名字的方法：提问法、重复法、联想法等。

（2）"我的期望"

①按逆时针顺序。让每个团体成员将下面两个句子补充完整，以澄清每位成员参加团体的动机和对团体的期望。

A. 我加入团体的希望是：_____。

B. 我希望我们的团体是：_____。

②组织者澄清成员对团体的错误期待和认识，说明团体的功能、目的和内容。

A. 组织者说明订立团体规范的原因。

B. 团体成员共同讨论和制定团体规范，如"做到保密，不把团体内的事情说给其他人""仔细倾听。不打断和批评他人的发言""不缺席，不迟到，不中途离开""不把食物带到团体辅导室"等。然后将它们加以归纳，写在一张大白纸上，形成《团体契约书》。

③每个团体成员在《团体契约书》上签名：以示自己愿意遵守这些团体规范。

（3）小结

简单小结，并预告下一次团体活动的内容，结束活动。

（二）第二次团体

1. 单元目标

协助成员掌握倾听的言语技巧和非言语技巧。

2. 活动程序

（1）暖身游戏——我说你猜

领导者在心中默想一人，但不说出他的名字，此人必须是团体成员中的一人，然后请其他成员来猜他的名字。在猜的过程中，可以向领导者提问，但领导者只能回答"是"或"不是"，最先猜出的人为胜者。然后由胜者在心中默想团体成员中的一人，其他成员来猜。依此类推。

人际沟通是一个双向的过程。有时候你所表达的并不一定就是别人所理解的，你所听到的未必就是别人想表达的。沟通并不是一件简单的事情，需要双方不断反馈、调节沟通方式，才能达到沟通的最佳效果。

（2）倾听的技巧练习

①分小组进行讨论，"可以运用哪些言语技巧和非言语技巧来表达你在认真倾听"，然后请各小组代表发言。

②组织者总结

A. 倾听的言语技巧有哪些；

B. 倾听的非言语技巧有哪些。

（3）沟通练习

①请每位成员谈谈。当你的朋友向你倾诉他的烦恼时，一般而言你会作何反应？并简要说明你作出这样选择的理由。

案例一：朋友向你倾诉，"期末考试的试卷发下来了，我又没考好。我不敢告诉父母，为了供我上学他们拼命地赚钱，已经很辛苦了。我不想让他们知道。每天早晨起来，我都鼓励自己要努力地学习，但是感觉压力很大，要考上重点好难呀！"

你会如何回答？

A. 你要想开一点，面包会有的，只要努力一定能考上的。

B. 你不用太悲观，这次好多人都没考好。

C. 你应该告诉你的父母，他们也许能帮你，和你一起想办法。

D. 你不敢把这件事情告诉父母，怕他们担心你。可是你的压力也非常大，不知道自己一个人是否扛得过去。

案例二：朋友向你倾诉，"我最近倒霉透了，谈了两年多的女朋友居然把我给甩了。哎，我真想一死了之！"

你会如何回答？

A. 你怎么这么想，一次失恋就成这个样子，也太没出息了。

B. 哎，是挺倒霉的。你再想想有没有什么跟她和好的办法？

C. 我比你更倒霉呢，我都被人家甩过两次啦。

D. 不用这么难过，俗话说得好，天涯何处无芳草，改天我帮你介绍一个更好的。

②活动点评。人际沟通的关键在于让你的朋友感觉到，你是在认真地听他说话，而且理解了他的意思。理解了他的心情。

(4)小结

活动组织者总结倾听的言语和非言语技巧，并鼓励成员在团体中和团体外的日常生活中灵活运用这些技巧，并预告下一期团体的内容。

单元五

森林康养野外安全问题的应急处理

在森林康养活动中，安全问题应予以高度的重视，在野外环境中会遇到一些不可预知的安全隐患，例如，坠跌受伤、动物侵犯、植物过敏、溺水等，针对这类情况，伤者应配合施救者进行合理治疗，同时施救者也应评估发生地的环境等因素，在确保自身安全的情况下进行施救。

总之，预防和进行合理的操作流程，对野外安全问题的处理具有显著的积极作用，本章将介绍野外活动时常遇见的安全问题。

模块一　野外受伤的应急处理

野外环境中隐藏着各种未知的安全隐患，轻者造成体表损伤，引起疼痛或出血；重者导致功能障碍、残疾，甚至死亡。在野外遇到突发性的伤害时，如果不能及时对伤情做出正确判断并采取相应的急救措施，很可能会错失抢救时机而导致伤者有生命危险。

一、野外受伤常见原因

（一）按损伤原因

分为坠跌伤、挫伤、刺伤、撕裂伤、挤压伤等。

（二）按损伤部位

分为颅脑损伤、胸部损伤、腹部损伤、四肢损伤等。

（三）按皮肤的完整性分类

1. 闭合性损伤

闭合性损伤是指受伤部位的皮肤及黏膜保持完整。如挫伤、扭伤、挤压伤等。

2. 开放性损伤

开放性损伤是指受伤部位皮肤及黏膜损伤，有伤口或创面。如擦伤、刺伤、撕裂伤等。

二、伤情判断

（一）评估周围环境安全性

野外环境错综复杂，存在各种潜在危险因素。所以施救者首先应仔细评估周围环境，在确保自身安全后再对伤者进行施救。

（二）对伤者进行伤情判断

先对伤者进行简单的伤情判断，优先处理可能危及生命的伤情，再处理其他情况；若有多人同时受伤则要按先重后轻的顺序进行施救；并且及时拨打120求救，清楚说明遇险的地点、受伤人员的基本情况、联系方式、可能的损伤因素等。判断方法如下所示。

1. 判断意识

通过呼叫伤者的名字，询问伤者自身感受等方式判断伤员神志是否清晰；对昏迷者，通过轻拍面部等方式确定能否唤醒。如伤者意识丧失，立即触摸颈动脉搏动情况。

2. 判断全身状况

根据伤者受伤的原因、部位、受伤及疼痛的程度，确认有无外伤、出血及骨折等伤情。

3. 判断生命体征

即判断伤者的体温、脉搏、呼吸、血压等状况。

（1）体温的测量方法　测量前应先将体温计水银刻度甩至35℃以下。

体温测量法有腋下测量法、口腔内测量、肛门内测量法。野外救护常用腋下测量法。在测温前先用干毛巾将腋窝擦干，再将体温表的水银端放于腋窝深处（儿童应由家长手扶着体温表，使小孩屈臂过胸，夹紧，婴幼儿需抱紧），测温 7～10min 取出读数。正常值 36.0～37.0℃。

（2）脉搏的测量方法　常用桡动脉（即中医用于把脉的部位）判断。

测量前伤者应保持情绪稳定，手腕放于舒适位置，检查者食指、中指、无名指并拢，指端轻按于桡动脉处，压力的大小以能清楚触到搏动为宜，计数 30s，并将所测得数值乘 2 即为每分钟的脉搏数（图 5-1）。正常值成人 60～100 次/min。

图 5-1　测量脉搏的方法

（3）呼吸测量法　在测量脉搏前后，检查者的手仍按在伤者手腕处，以转移其注意力，避免因紧张而影响检查结果，然后观察伤者胸部或腹部起伏次数，一吸一呼为一次，观察 1min。危重伤员呼吸微弱不易观察时，可将少许棉花置于伤者鼻孔前，观察棉花被吹动的次数，1min 后记数。正常成年人 16～20 次/min，儿童约为 30 次/min。

（4）血压的测量　①测量前，先休息 15min，以消除劳累或紧张因素对血压的影响。②让伤员取坐位或卧位，暴露右臂或左臂，伸直肘部，手掌向上。③肘部置于与心脏同一水平，血压计放在心脏水平位置。放平血压计，驱尽袖带内空气，平整无折地缠于上臂中部，松紧以能插入一指为宜。气袋的中部应对着肘窝，使充气时压力正好压在动脉上，袖带下缘距肘窝上 2～3cm，将末端整齐地塞入里圈内，开启水银槽开关。④戴好听诊器，在肘窝内侧处摸到肱动脉搏动点。将听诊器头端紧贴肘窝肱动脉处，轻轻加压，用手固定，另一手关闭气囊上气门螺旋帽，握住输气球向袖带内打气至肱动脉搏动音消失，再升高 20 ~ 30mmHg，然后慢慢放开气门，速度以 2 ~ 5mmHg/s 为宜，使汞柱缓慢下降，并注意汞柱所指的刻度。当袖带内压力逐渐下降至听诊器中听到第一声搏动时，此时汞柱指的刻度，即为收缩压。随后波动声继续存在并增大，当搏动声突然变弱或消失，此时汞柱所指刻度为舒张压(图 5-2)。

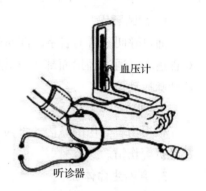

图5-2 测量血压的方法

三、野外受伤的应急处理

野外受伤的应急处理措施包括止血、包扎、固定、搬运四项技术。

(一)止血

1. 出血种类

根据出血部位可分为外出血和内出血 2 种：

(1)外出血——体表可见到　血管破裂后，血液经皮肤损伤处流出体外。

(2)内出血——体表见不到　血液由破裂的血管流入组织、脏器或体腔内。

根据出血的血管种类可分为动脉出血、静脉出血及毛细血管出血 3 种：

(1)动脉出血——血色鲜红　出血呈喷射状，与脉搏节律相同。危险性大。

(2)静脉出血——血色暗红　血流较缓慢，呈持续状，不断流出。危险性较动脉出血小。

(3)毛细血管出血——血色鲜红　血液从整个伤口创面渗出，一般不易找到出血点，常可自动凝固而止血。危险性小。

2. 失血表现

一般情况下，一个成年人失血量在 500mL 时，可以没有明显的症状。当失血量在 800mL 以上时，伤者会出现面色、口唇苍白，皮肤出冷汗，手脚冰冷、无力，呼吸急促，脉搏快而微弱等状况。当出血量达 1500mL 以上时，会引起大脑供血不足，伤者出现视物模糊、口渴、头晕、神志不清或焦躁不安，

甚至出现昏迷症状

3. 出血判断

（1）动脉出血　出血速度快，血色鲜红，呈喷射状，出血量大，需紧急止血处理。

（2）静脉出血　出血速度较慢，血色暗红，呈涌泉状，需及时处理。

（3）毛细血管出血　出血速度慢，血色鲜红，呈渗出状，可自行止血。

4. 止血技术

（1）指压止血法　用手指在伤口上方（近心端）的动脉压迫点上，用力将动脉血管压在骨骼上，通过阻断血流从而起到止血的作用。指压止血是较迅速有效的一种临时止血方法，出血止住后，需立即换用其他止血方法。

①头顶及颞部出血　用拇指或食指在耳屏前稍上方正对下颌关节处（颞动脉所在位置）用力按压（图5-3）。

②腮部及颜面部的出血　用拇指或食指在下颌角前约半寸处，将颌外动脉压在下颌骨上（图5-4）。

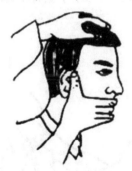

图5-3　指压颞动脉指压止血法　　　图5-4　颌外动脉指压止血

③头、颈部大出血　将拇指或其余四指放在气管外侧1.5cm处（颈总动脉搏动处），将伤侧颈总动脉向颈后压迫止血（图5-5）。此法仅限于紧急时使用，禁止同时压迫两侧颈总动脉，以免造成脑缺血而昏迷死亡。

④腋窝、肩部及上肢出血　拇指在锁骨上窝摸到动脉搏动处（锁骨下动脉），其余四指放在受伤者颈后，用拇指向凹处下压，将动脉血管压向深处的第一肋骨上止血（图5-6）。

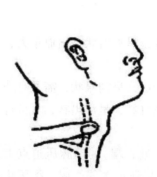 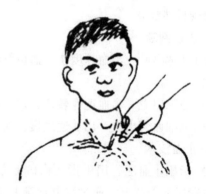

图 5-5　颈总动脉指压止血　　**图 5-6　锁骨下动脉指压止血**

⑤手部出血　将伤者手臂抬高，用双手拇指分别压迫于手腕横纹上方内、外侧搏动点（尺动脉、桡动脉）止血（图 5-7）。

⑥手、前臂及上臂下部出血　将上肢外展外旋，曲肘抬高上肢，用拇指或四指在上臂肱二头肌内侧沟处，施以压力将肱动脉压于肱骨上即可止血（图 5-8）。

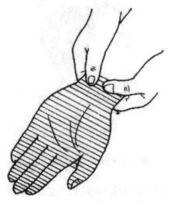 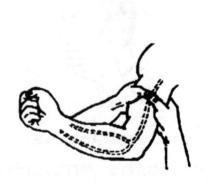

图 5-7　尺、桡动脉指压止血　　**图 5-8　肱动脉指压止血**

⑦大腿、小腿、脚部出血　在大腿根部触摸到一个强大的搏动点（股动脉），用两手的拇指重叠施以重力压迫止血（图 5-9）。

⑧足部出血　用两手食指或拇指分别压迫足背中间近脚腕处（足背动脉）和足跟内侧与内踝之间（胫后动脉）止血（图 5-10）。

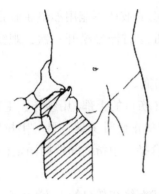
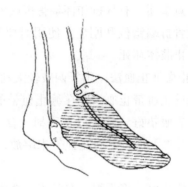

图 5-9　股动脉指压止血　　　　图 5-10　足背动脉和胫后动脉指压止血

⑨手指出血　将伤指抬高，用拇指、食指分别压迫伤指指根的两侧指动脉止血(图 5-11)。

(2)加压包扎止血法　先用清洁布料覆盖伤口后，再用毛巾、帽子等折成垫子，放在清洁布料上面，然后用布带子紧紧包扎，以不出血为度。需要注意的情况，伤口有碎骨存在时，禁用此法。

(3)加垫屈肢止血(图 5-12)

①前臂或小腿出血　在肘窝或腘窝处放上毛巾或衣服等物，屈曲关节，用布带将屈曲的肢体紧紧绑扎起来。

图 5-11　指动脉指压止血

②上臂出血　在腋窝加毛巾垫，使前臂屈曲于胸前，用布带将上臂紧紧固定在胸前。

③大腿出血　在大腿根部加垫，屈曲髋关节和膝关节，用长带子将腿紧紧固定在躯干上。

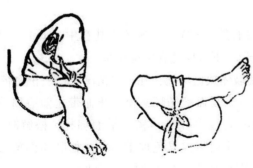

图 5-12　加垫屈肢止血

④注意事项　有骨折和怀疑骨折或关节损伤的肢体不能用加垫屈肢止血，以免引起骨折端错位和剧痛。使用时要每隔1h左右慢慢松开一次，观察3~5min，防止肢体坏死。

（4）止血带止血法　用于四肢较大动脉的出血。

①橡皮止血带止血　先在缠止血带的部位（伤口的上部）用纱布、毛巾或受伤者的衣服垫好，然后以左手拇、食、中指拿止血带头端，另一手拉紧止血带绕肢体缠两圈，并将止血带末端放入左手食指、中指之间拉回固定（图5-13）。

②绞棒止血　将手绢、布条等折叠成条带状缠绕在伤口的上方（近心端），缠绕部位用衬垫垫好，用力勒紧然后打结。在结内或结下穿一短棒，旋转此棒使带绞紧，至不流血为止，将棒固定在肢体上（图5-14）。

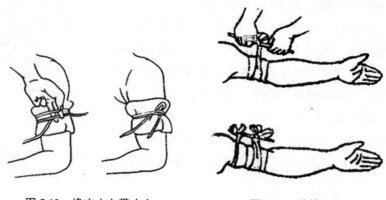

图 5-13　橡皮止血带止血　　　　图 5-14　绞棒止血

③注意事项

A. 止血带不能直接缠在皮肤上，必须用毛巾、衣服等做成平整的垫子垫上。

B. 上肢应扎在上臂上1/3处，避免绑扎在中、下1/3处，因此处易伤及桡神经导致垂腕畸形。下肢应扎在大腿中部。

C. 为防止远端肢体缺血坏死，在一般情况下，上止血带的时间不超过1h要松解一次，以暂时恢复血液循环，松开止血带之前应用手指压迫止血，将止血带松开2~3min之后再在另一稍高平面绑扎，松解时，仍有大出血者，不要在运送途中松放止血带，以免加重休克。如肢体伤重已不能保留，应在伤口上方（近心端）绑止血带，不必放松，直到手术截肢。

D. 上好止血带后，在伤者明显部位加上标记，注明上止血带的时间，尽快送医院处理。

E. 严禁用电线、铁丝、绳索代替止血带。

(二)包扎

及时正确的包扎，可以起到压迫止血、避免感染、保护伤口、减少疼痛及固定敷料和夹板等效果。

1. 常用的包扎方法

(1)环形包扎法　用于肢体较小或圆柱形部位，如手、足、腕部及额部，亦用于各种包扎起始和结束时。绷带卷向上，用右手握住，将绷带展开约8cm，左拇指将绷带头端固定需包扎部位，右手连续环形包扎局部，其圈数按需要而定，用胶布固定绷带末端。

(2)螺旋形包扎法　用于周径近似均等的部位，如上臂、手指等。从远端开始先环形包扎两卷，再向近端呈30°角螺旋形缠绕，每圈叠压前一卷2/3，末端胶布固定(图5-15)。

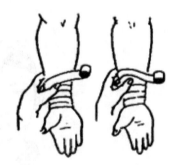

图5-15　螺旋形包扎

(3)螺旋反折包扎法　用于周径不等部位，如前臂、小腿、大腿等，开始先做二周环形包扎，再做螺旋包扎，然后以一手拇指按住卷带上面正中处，另一手将卷带自该点反折向下，盖过前周1/3或2/3。每一次反折须整齐排列成一直线，但每次反折不应在伤口与骨隆突处(图5-16)。

(4)"8"字形包扎法　用于肩、肘、腕、踝等关节部位的包扎和固定锁骨骨折。以肘关节为例，先在关节中部环形包扎2圈，绷带先绕至关节上方，再经屈侧绕到关节下方，过肢体背侧绕至肢体屈侧后再绕到关节上方，如此反复，呈"8"字连续在关节上下包扎，每卷与前一圈重叠2/3，最后在关节上方环形包扎2圈，胶布固定(图5-17)。

(5)回返包扎　用于头顶、指端和肢体残端，为一系列左右或前后返回包扎，将被包扎部位全部遮盖后，再作环形包扎两周(图5-18)。

(6)蛇形包扎法　多用于夹板的固定。先将绷带环形法缠绕数圈固定，然后按绷带的宽度作间隔的斜着上缠或下缠即成(图5-19)。

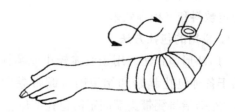

图 5-16　螺旋反折包扎　　　　　　图 5-17　"8"字形包扎

图 5-18　回返包扎

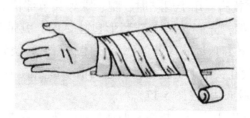

图 5-19　蛇形包扎

2. 包扎注意事项

（1）伤者体位要适当，患肢搁置适应位置，包扎者通常站在患者的前面，以便观察伤者的面部表情。

（2）包扎时松紧要适宜，避免太松以致脱落，亦不可太紧，以免发生肢体循环障碍。

（3）包扎前应除去戒指、手镯、手表及项链等。

(三)固定

固定主要是针对骨折的患者，具有减轻疼痛，防止骨折移动的作用，同时避免骨折断端移位造成的血管、神经损伤等。

1. 固定材料

（1）木质、铁质、塑料制作的夹板或固定架。

（2）就地取材，选用适合的木板、竹竿、树枝、纸板等简便材料。

2. 固定方法

（1）上臂骨折固定　将夹板放在骨折上臂的外侧，用绷带固定；再固定肩肘关节，用一条三角巾折叠成燕尾式悬吊前臂于胸前，另一条三角巾围绕患肢于健康侧腋下打结。若无夹板固定，可用三角巾先将伤肢固定于胸廓，然后用三角巾将伤肢悬吊于胸前（图5-20）。

（2）前臂骨折固定　将夹板置于前臂四侧，然后固定腕、肘关节，用三角巾将前臂屈曲悬吊于胸前，用另一条三角巾将伤肢固定于胸廓。若无夹板固定，则先用三角巾将伤肢悬吊于胸前，然后用三角巾将伤肢固定于胸廓（图5-21）。

图 5-20　上臂骨折固定

（3）股骨骨折固定　用绷带或三角巾将双下肢绑在一起，在膝关节、踝关节及两腿之间的空隙处加棉垫（图5-22）。

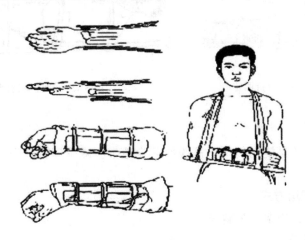

图 5-21　前臂骨折固定

（4）躯干固定　用长夹板从脚跟至腋下，短夹板从脚跟至大腿根部，分别置于患腿的外、内侧，用布带捆绑固定（图5-23）。

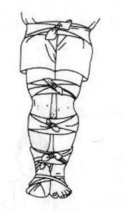
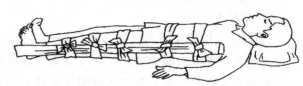

图5-22　股骨骨折健肢固定　　　　图5-23　躯干骨折固定

（5）小腿骨折固定　用长度由脚跟至大腿中部的两块夹板，分别置于小腿内、外侧，再用三角巾或绷带固定。亦可用三角巾将患肢固定于健肢（图5-24）。

（6）脊柱骨折固定　将伤员仰卧于木板上，用绷带将脖、胸、腹、髂及脚踝部等固定于木板上（图5-25）。

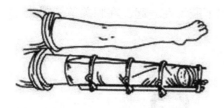
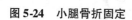
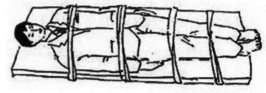

图5-24　小腿骨折固定　　　　　　图5-25　脊柱骨折固定

（四）转运

转运的目的是使伤病员迅速脱离危险地带，减少痛苦，安全迅速地送往医院治疗。

1. 常用搬运方式

包括徒手、担架、车辆等。

2. 搬运方法

（1）徒手搬运法　适用于伤势比较轻和转运路程较近的伤员。

①单人搬运法

A. 扶持　用于伤情较轻能站立行走的伤员。救护者站于伤者一侧，使伤员靠近其臂并揽着肩部，然后救护者用外侧的手牵着伤员的手腕，另一只手伸过伤员背部扶持其腰部行走(图 5-26)。

B. 抱持　对能站立的伤员，救护者站于伤员一侧，一手托其背部，一手托其大腿，将其抱起，对清醒伤员可让其一手抱着救护者颈项部。对卧地的伤员，救护者先一膝跪地，用一手将其背部稍稍托起后，用另一手从其两腋窝伸过将伤员抱起(图 5-27)。

图 5-26　扶持搬运法　　　　　图 5-27　抱持搬运法

C. 背负　救护者站在伤员前面，面向同一方向微屈膝弯背，将伤员背起。胸部损伤的伤员禁用此法(图 5-28)。

②双人搬运法

A. 椅托式　两救护者在伤员两侧对立，一救护者一手搭于另一救护者肩部，两救护者其余三只手交叉紧握形似椅状，伤员坐于其上(图 5-29)。

图 5-28　背负搬运法　　　　　图 5-29　椅托式搬运法

B. 轿式　两救护者四只手交叉紧握，伤员坐于其上（图5-30）。

C. 拉车式　两救护者一人站于伤员的头部附近，两手插到腋下，将其抱入怀内。一人站在其脚部附近，蹲在伤员的两腿中间，将病员抬起（图5-31）。

图5-30　轿式搬运法　　　　图5-31　拉车式搬运法

③三人搬运法　三人并排，一人托住肩胛部，一人托住臀部和腰部，另一人托住两下肢，三人同时把伤员轻轻抬起（图5-32）。

④多人搬运法　适用于脊柱受伤的伤员。两人专管头部的牵引固定，使头部始终保持与躯干成直线的位置，维持颈部不动；另两人托住臂背部，两人托住下肢，协调地将伤员平直放到担架上。六人可分两排，面对面站立，将伤员抱起（图5-33）。

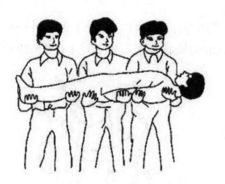

图5-32　三人搬运法　　　　图5-33　多人搬运法

（2）担架搬运法　用于躯干、下肢骨折，危急重症病人和较远路程的转运。

现场由3～4人将病人移上担架，注意有颈部损伤者应有专人保护头颈部，不要使头颈部屈曲扭转。转运时病人头部向后，足部向前，这样有利于危重病人头部的血液供应，同时便于后面抬担架者随时观察病情变化。抬担架的脚步要一致，平稳行进，尤其是上下坡时应调整高度，尽量使病员保持水平位(图5-34)。

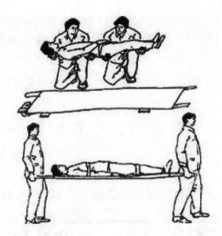

图5-34 担架搬运法

（3）车辆搬运法 常用于较长距离和紧急病员的运送。

伤员上车后，一般伤员取仰卧位，颅脑损伤及昏迷伤员使头偏向一侧，胸部损伤的伤者取半卧位。途中要稳妥，切忌颠簸。

3. 注意事项

（1）搬运前做好止血、包扎、固定。

（2）运送途中注意保暖。

（3）对脊髓损伤的伤员应用硬板担架搬运，且切忌一人抱胸，一人抬腿的搬运方法，以免加重脊髓损伤。

（4）运送时伤者的头部朝后，以便观察呼吸、神志、面色、出血等情况的变化。

（5）在人员、器材未准备好时，切忌随意搬运。

模块二 毒蛇咬伤的应急处理

蛇类为了躲避人类及天敌的捕食而躲进草丛，钻入地穴。蛇在与大自然的斗争中，它不会拿起任何武器抵御外敌的侵犯，蛇类能够自卫的有效武器就是嘴巴。

因此，森林康养师熟悉、掌握有毒蛇和无毒蛇的鉴别，毒蛇咬伤的应急处理方法，以及蛇伤的预防对于自我保护与保护服务对象均具有十分重要的意义。

一、毒蛇种类

蛇毒按其性质可分为神经毒素、血循毒素、混合毒素三大类。

1. 神经毒素

金环蛇、银环蛇、海蛇、白花蛇等主要含神经毒素（图 5-35 至 5-38）。

2. 血液毒素

蝰蛇、尖吻蝮蛇（又称五步蛇）、竹叶青等主要含血液毒素（图 5-39 至图 5-41）。

3. 混合毒素

眼镜蛇、眼镜王蛇、蝮蛇等主要含混合毒素（图 5-42 至图 5-44）。

图 5-35　金环蛇

图 5-36　银环蛇

图 5-37　海蛇

图 5-38　百花蛇

图 5-39　蝰蛇

图 5-40　尖吻蝮蛇

图 5-41　竹叶青

图 5-42　眼镜蛇

图 5-43　眼镜王蛇

图 5-44　蝮蛇

二、有毒蛇和无毒蛇鉴别

通常根据有无管牙和沟牙类毒牙或毒腺毒液将蛇类分为毒蛇和无毒蛇。毒蛇中又将毒性特别强的蛇称剧毒蛇，许多剧毒蛇伤人后轻则残废留下后遗症，重则立即中毒致死。因此，正确鉴别毒蛇和无毒蛇尤其是鉴别剧毒蛇，可为诊断治疗及预后带来有效的帮助。

（一）外形鉴别毒蛇和无毒蛇

1. 蛇体颜色

毒蛇：体表鳞片颜色花纹较鲜艳、清晰和醒目。

无毒蛇：多数不鲜艳。

例外：蝮蛇的鳞片颜色不鲜艳、色泽如土，是剧毒蛇。无毒蛇的玉斑锦蛇、部分无毒牙类毒蛇如火赤链蛇等斑纹艳丽，色泽鲜明。

2. 蛇头

毒蛇：多数头部呈三角形。

无毒蛇：多数头部为椭圆形。

例外：海蛇及眼镜蛇科中的眼镜王蛇、眼镜蛇、金环蛇、银环蛇等剧毒蛇头部为椭圆形。

3. 蛇体

毒蛇：蛇体短而粗，不匀称，颈细，头颈区分明显。

无毒蛇：蛇体形大均匀细长，头颈区分不明显。

4. 蛇尾

毒蛇：尾粗短钝，自泄殖孔后骤然变细。

无毒蛇：尾细长而尖，自泄殖孔后逐渐变细，与身体比例对称。

5. 习性

毒蛇：笨拙懒惰，行动迟缓，即使受惊动后爬行速度也较慢，或不逃跑，不怕人，见人不逃反而作进攻准备，或发出呼呼声响。

无毒蛇：行动敏捷机灵，胆小怕人，警惕性高，稍有惊动就会迅速逃窜，速度较快。

（二）解剖鉴别剧毒蛇与无毒蛇

剧毒蛇：有毒牙、毒腺和排毒管（毒腺导管）。

1. 毒腺

凡是毒蛇均有毒腺，各种蛇的毒腺和毒性不同，但无论是酶类还是无酶活性的毒素都是由其原始的唾液腺主生的消化酶进化而来，经过漫长的岁月，演变成能分泌毒液的腺体。毒腺位于蛇头两侧，眼后的口角上方的皮下。毒腺是消化道的附属器官，主要功能是消化食物，同时也是对付外来侵袭的防御性和进攻性武器。同种毒蛇的蛇体愈大，毒腺的容积也大，所分泌和贮存的毒液量也就愈多。当咬住猎物或人体时，在头部肌肉收缩的挤压下，毒腺中的毒液经连接毒腺和毒牙的毒腺导管，再经过毒牙的沟或管似注射器一样注入猎物或人体，使其中毒。毒液一次排完后，需 10~30d 才能恢复。

2. 毒牙

剧毒蛇均有毒牙，根据蛇种、生长位置和构造不同，分为管牙类毒牙、沟牙类毒牙(俗称前沟牙)、后沟牙类毒牙。另有部分游蛇科的蛇咬伤后也会引起中毒。但这类蛇既无管牙也无沟牙，通常称这类蛇为无毒牙类毒蛇。

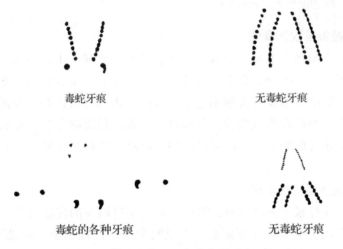

毒蛇牙痕　　　　　　　　　无毒蛇牙痕

毒蛇的各种牙痕　　　　　　无毒蛇牙痕

图 5-45　毒蛇牙痕(左)与无毒蛇牙痕(右)

毒蛇咬伤和无毒蛇咬伤鉴别见表 5-1。

表 5-1　毒蛇咬伤和无毒蛇咬伤鉴别

		毒 蛇 咬 伤	无 毒 蛇 咬 伤
蛇的形态	毒牙	有毒牙(无毒牙类毒蛇例外)	无毒牙，只有锯齿状牙齿
	蛇头	多呈三角形，但银环蛇、金环蛇、眼镜蛇、海蛇等为椭圆形	多呈椭圆形
	蛇尾	毒蛇尾短而钝，从肛门到尾巴突然变细、迟缓、性情凶猛，常蟠团	尾巴长而尖细
	行动		爬行快，多数不凶猛，警惕性高
	颜色	鲜艳，体粗而短	多不鲜艳，体长。但也有鲜艳的
局部症状	牙痕	有 1~4 个毒牙痕，呈 ∶∶ 或 ∷ 等形状(无毒牙类毒蛇例外)	无毒牙痕呈等锯齿状牙痕，毒蛇牙痕(左)与无毒蛇牙痕(右)的区别(图 5-45)
	疼痛	除神经毒外，有明显疼痛	一过性疼痛，多不明显
	肿胀	有蔓延性肿胀，但神经毒除外	红肿不明显，不扩展
	出血	血液毒蛇伤出血较多，有瘀斑及血水泡	咬伤时有出血，很快停止，无瘀斑，无血水泡
	坏死	血液毒，混合毒蛇伤可有溃疡坏死	除感染外，一般无坏死
	淋巴	淋巴肿痛	淋巴无肿痛

(续)

	毒 蛇 咬 伤	无 毒 蛇 咬 伤
全身症状	常有头昏眼花、乏力、胸闷呕吐、严重者昏迷、全身出血、呼吸困难、休克、心、肺、肾等重要器官功能衰竭	除精神紧张恐惧所致精神性虚脱外，一般无重大症状
化验	血检、小便可有改变	一般正常

三、毒蛇咬伤临床表现

1. 神经毒素致伤表现

伤口局部出现麻木或仅有轻微痒感，红肿不明显，出血不多，约在伤后半小时出现头昏、嗜睡、恶心、呕吐及乏力等症状。重者出现吞咽困难、声嘶、失语、眼睑下垂及复视等不适症。最后可出现呼吸困难、发绀、全身瘫痪甚至死亡。神经毒素吸收快，危险性大，常因局部症状轻，而被忽略。伤后的第 1~2d 为危险期，一旦渡过此期，症状就能很快好转，而且治愈后不留任何后遗症。

2. 血液毒素致伤表现

局部迅速肿胀，伤口剧痛，流血不止。伤口周围的皮肤常伴有水泡或血泡，皮下瘀斑，组织坏死等症状。严重时全身广泛性出血，如结膜下瘀血、鼻衄、呕血、咳血及尿血等。由于症状出现较早，一般救治较为及时，故死亡率可低于神经毒素致伤的病人。但由于发病急，病程较持久，所以危险期也较长，治疗过晚则后果严重。治愈后常留有局部及内脏的后遗症。

3. 混合毒致伤表现

兼有神经毒素及血液毒素的症状。从局部伤口看类似血液毒素致伤，如局部红肿、瘀斑、血泡、组织坏死及淋巴结炎等。从全身来看，又类似神经毒素致伤。此类伤者的死亡原因仍以神经毒素为主。

四、蛇伤早期自救与急救

毒蛇咬伤的一瞬间，不可能马上到医院实施各种抢救治疗。如能熟练掌握蛇伤正确的应急处理办法，对降低死亡率、提高治愈率、保存生命、防止和减轻全身中毒症的发生，减少后遗症具有重要意义。

（一）局部自救与急救

1. 保持冷静

蛇伤后切勿惊慌失措，千万不可跑动，更不能有激烈的动作。否则，血液循环加快，蛇毒吸收也随之加快。

2. 禁止局部结扎

这是蛇伤专家陈远辉博士治蛇伤的重要经验和观点。不提倡局部结扎，因为临床观察表明，局部结扎不但不能有效减轻减缓蛇毒的吸收，反而因结扎后导致局部瘀血、血管扩张、局部缺血缺氧、血管通透性增加，而加快蛇毒的吸收，造成中毒更快更重，死亡率更高。

3. 检查伤口

立即检查伤口(毒牙痕)，看是否有折断之毒牙。如有毒牙在伤口内，应立即拔除。

4. 冲洗伤周

(1)立即用水将伤口周围的毒液冲掉，以免伤周的蛇毒在切开后渗入伤口而加重毒量(图5-46至图5-48)。

(2)也可由几名男子轮流向伤口喷射小便，利用喷射的冲击力将伤口的蛇毒冲掉。人体尿液中含有的尿酸成分也有破坏蛇毒的作用。

 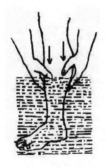 

图5-46　立即到小溪边冲洗　　　图5-47　用水冲洗或置　　　图5-48　冲洗
　　　　　　　　　　　　　　　　　　　水中边挤边洗

5. 破坏蛇毒

(1)火灼法　可直接将伤口内的蛇毒烧毁破坏，使之失去毒性作用。因为蛇毒的化学成分为毒蛋白，而蛋白质在高温下会变性碳化，成为无毒的物质。

本法最好在伤后30min内实施，时间愈早效果愈好，但疼痛感很强。

①火焰直烧法　将打火机点燃后，对准伤口直接烧灼(图5-49)，可烧至起水泡或焦痂，大约5~10s即可。烧伤伤口可用清凉解毒的中草药或按外科换药处理。适用沟牙类蛇伤。

②铁钉烙法　较粗的针灸针或细小铁钉或缝衣针、大头针均可，用打火机烧红一端后，视毒蛇咬伤的深浅从伤口处烙入(图5-50)。一般0.5~1cm深

度，每个毒牙痕烙 2～3 次即可。此法特别适用咬得较深的管牙类毒蛇伤，如五步蛇伤。

③ 火柴爆烧法　取火柴头 5～10 根，呈放射状堆放在伤口处，然后点燃，让其爆烧（图 5-51，图 5-52）。一般烧 3～5 次即可。此法适用于金环蛇、银环蛇、蝮蛇等牙痕较浅的毒蛇咬伤。

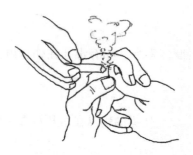

图 5-49　点燃香烟熏烤伤口

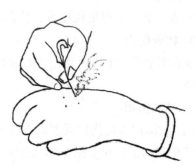

图 5-50　将烧红的针烙入伤口

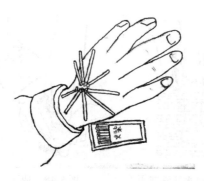

图 5-51　将火柴头放在伤口上

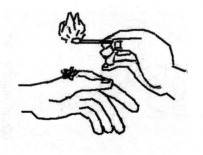

图 5-52　点燃火柴或刮下的火药

④ 药物烧灼法

A. 取白矾 6g、雄黄 3g 于杓内或烧红的铁器上溶化后用小杓趁热点药于伤口处，冷则再点，反复 7～10 次。

B. 捍烟杆火烧之，以灼热之烟油滴入伤口内，反复数次。

C. 点燃香烟、艾条、火炭等，将其对着伤口热烤，热度以不烧伤皮肤和患者能忍受为度（紧急时为保命可烧伤皮肤）。一般在伤后 5min 内热烤，效果最佳。

（2）伤口塞药法　此法可水解、氧化、破坏蛇毒，野外自救时，伤口应先作切开扩创处理。

① 胰蛋白酶撒伤口法　取胰蛋白酶注射用粉剂 1～5 支，经冲洗扩创后，将该药粉撒伤口内。外用有关蛇药外敷，有水解蛇毒作用。

② 依地酸二钠冲洗法　取依地酸二钠 2～4 支，扩创后用该药冲洗和湿敷伤口，干则换之。有中和蛇毒、预防坏死和防止出血功效。

③ 高锰酸钾填塞法　取高锰酸钾一粒米大小，直接填塞入伤口或扩创后塞入创口内，经 10～20min 后，用水冲掉。该药是一种强氧化剂，对蛇毒有很强的破坏作用，但可造成局部剧痛。

6. 野外扩创排毒法

（1）划开伤口法　经冲洗后，用小刀按毒牙痕的方向纵向划开 1cm 左右（或呈"十"字形，或呈"米"字形划开均可）。切开不宜过深，切至皮下即可。切开毒牙痕后，可选用火灼法、负压吸毒法、伤口塞药法或挤压排毒均可。

需要注意的情况，受伤早期，即使是五步蛇伤等出血毒蛇伤也可划开伤口，但中晚期则不用或禁用或慎用。早期尤其是伤后的 10～20min 内，不千篇一律的禁止切开。

（2）挤压排毒法　由上自下，由外向内，由周围向伤口中心均匀推挤，使毒血水从伤口中排出。也可边挤压边冲洗。也可将患处置河水中、溪水中或水龙头下。此法可反复挤压 30～60min。

（3）冷水浸泡法　将患肢置河、沟、溪的流动水中或井水中或冰水中，可防止蛇毒吸收过快。为局部排毒处理争取时间。在冷水浸泡同时，可实施其他自救法。

（4）沙擦法　将患肢置河中或溪、沟水中，就近用水中的细沙子在伤口及周围反复磨擦，方向同挤压法，力量以不擦破皮为度。利用沙子和人体相互间的挤压力，将蛇毒从伤口中排出。

7. 负压吸毒法

此法在扩创后实施更好，如来不及扩创也可直接实施此法，但效果较差。反复数次后，可吸出大量蛇毒。原则上以吸至局部由青紫转正常皮肤、伤口渗出鲜红血液为度。

（1）野外竹筒吸毒法　随手砍一根小竹筒，两端去节，取 10～20cm 削平，用竹筒一端套伤口，另一端用嘴反复吸吮，吸出之蛇毒不会进入口中造成中毒（如无竹筒，取水笔筒亦一样）。

（2）拔罐吸毒法　用拔火罐或吸奶器等器具套伤口上，反复进行负压吸毒。也可用拔罐器吸出毒液（图 5-53）。另外，一次性注射器去底后也可作吸毒器(图 5-54)。

（3）口直接吸吮法　紧急情况下，在口腔无破损、无龋齿的情况下，可用口直接在伤口上吸吮，如能含 1:5000 高锰酸钾水或烧酒后再吸吮则对口腔有保护作用。可避免吸毒之人中毒。吸后应用清水或盐水或高锰酸钾水漱口。此法一般情况下慎用，因为有龋齿者多，如蛇毒通过口腔吸收则会中毒更快。咽喉部的肿胀则有可能堵塞气管引起呼吸窒息而死亡。

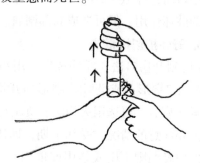

图 5-53　拔罐器吸出毒液　　　　图 5-54　一次性注射器吸毒液

8. 局部切除法

局部切除法古代就已应用，《抱朴子》云："蛇类最多，惟蝮中人甚急，但即时以刀割去疮肉，投于地，其沸如火灸，须臾焦尽，人乃活。"说明蛇伤后将伤处切除是一种有效的治疗方法。可以切除一部分，也可全部切除，根据受伤部位而定。但该法只有在不得已时才用之。如毒蛇特别大、凶猛、咬往不放或咬中重要部位，估计放毒量过大，其他急救法一时无法奏效，可能有生命危险时，为保住生命，可用此丢卒保车的切除法。如凶猛的眼镜王蛇、或剧毒的大型蛇种五步蛇咬中耳朵等近心、近脑的重要部位。非特殊情况下不提倡用此法。以免造成不必要的残废。

局部切除后，必须就地取材，如用衣服等加压包扎伤口，然后急送医院进行处理，以免伤口出血不止造成出血性休克。

（二）药物自救

在实施早期局部自救处理的同时，如有条件，可任选下列药物内服或外敷。

1. 外敷药物

根据药源情况，可选用下列新鲜草药：半边莲、犁头草、野菊花、芙蓉叶、蛇舌草、虎杖、鬼针草、鱼腥草、蛇莓、两面针、徐长卿、七叶一枝花、八角莲、酢浆草、豆角叶、苦瓜叶、蓖麻叶、苦菜、白辣蓼、乌敛莓、红薯叶、田基黄、马鞭草、蒲公英、夏枯草、律草、青木香叶、鸭跖草、莲钱草、丝瓜叶、鼠牙草等。选择 3~5 种洗净后捣烂或嚼烂后外敷伤周。但外敷时切忌捂住伤口，并需在实施完毕各种局部急救处理后再外敷（药干即换）。

2. 急救服药

除内服随身备用的各种相关蛇药外，可在以上外敷药中选数种捣烂后绞汁内服。以下介绍五种民间简易急救服药方法：

（1）急饮醋 30~60mL，可令毒气不随血走，防止蛇毒游走扩散过快，然后边实施其他急救法。

（2）烟油少量（3~5g），冲冷水一碗频频内服，有防止蛇毒攻心作用，伤周也可涂抹烟油。

（3）采白辣蓼半斤，捣烂后，绞汁内服，或配第二次米泔水捣烂后榨汁内服，渣外敷。

（4）新鲜半边莲 50~200g，捣汁服，渣外服，有解毒利尿功效。

（5）取五灵脂 15g，雄黄 6g 研末，水冲服。

(三)毒蛇咬伤急救要点

1. 急救"黄金三分钟"

被毒蛇咬伤后的"黄金三分钟"也称"生死三分钟"，也就是说在毒蛇咬伤后的 3~5 min 内是最佳抢救时机，而且，只能靠现场急救。俗话说"治蛇没巧，越早越好"，早期每在伤口排出或破坏一部分蛇毒，就能减少一部分蛇毒的体内吸收，就能减轻若干个致死量蛇毒对机体的危害，就能有效保住伤者的性命。如果早期局部急救处理不及时，就会使扩散吸收过快的蛇毒迅速进入体内，如一次放毒量达数倍甚至数 10 倍的致死量完全吸收进体内，就必然给以后的抢救治疗带来困难，甚至立即危及性命。但如果早期每在伤口破坏一个致死量的蛇毒，就减轻机体承受一个致死量的负担，早期破坏蛇毒愈多，吸收进体内的蛇毒愈少，机体的负担就愈轻，性命的保障就愈大。所以说，早期局部急救处理非常重要。

早期急救对蛇伤预后有决定作用的是火灼法、伤口塞药法、扩创排毒吸毒法。当进入毒蛇出没区时，最好先带上一些简单的自救器械及药物，如打火机、大头针或缝衣针或小铁钉、小刀、竹筒、火罐、高锰酸钾等。局部处理时，尽可能干净或无菌操作，不能让污物、污水、脏东西污染伤口，以免造成感染。

局部切除法虽然也有较好的作用，但易造成不必要的残废，一般情况下不提倡使用。

2. 不迷信"特效蛇药"

蛇伤早期，千万不可迷信各种"特效蛇药"，而放弃蛇伤早期自救(急救)处理。因为各种蛇药内服后不可能马上生效，这些蛇药通过胃肠吸收到发挥解毒作用，需一定时间。而蛇毒局部吸收是非常快的，据测定，3～5 min 即可吸收一个致死量的蛇毒进入体内。如果认为服下"特效蛇药"就万事大吉的话，这是错误的想法。有效防止蛇毒体内吸收过多，就是使用蛇伤早期局部急救法，而不盲目迷信所谓的"特效蛇药"。

3. 禁止捆扎局部

蛇伤早期急救处理后，大部分蛇毒可排除和破坏在局部。无必要进行局部捆扎，局部捆扎利少弊多。

①可引起局部缺氧和瘀血，导致血管通透性增加，使本来由淋巴吸收的蛇毒经由血液吸收，而血液流速比淋巴流速快 200～500 倍，反而加快蛇毒的血液吸收与扩散。

②加重局部肿胀和坏死溃疡，因为结扎后局部血液循环和淋巴循环发生障碍，在瘀血的状况下，血液血浆外渗，淋巴液滞留在组织中，导致局部高度肿胀。这时蛇毒也滞留局部过久导致局部坏死。

③结扎后导致深浅交通枝的开放，使蛇毒由浅入深，再经深静脉回流进入体内。其吸收进入体内的途径更快更通畅。

④可并发止血带休克及肌红蛋白尿，导致急性肾功能衰竭的发生。

⑤突然松捆扎后，血管再通血流时发生的再灌注组织损伤，称"再灌注综合症"，主要是针对脏器方面的损伤，如心室颤动等症导致心脏突然停跳而死亡。

4. 暴露伤口

伤口如有渗血或毒血水外流，应任其外流，任其渗血，千万不可捂住伤口或压住伤口。也不可用药物敷住伤口，药物只能敷在伤口周围，以免影响毒液的排泄。否则，毒液可能倒流入伤口内，通过体液扩散至体内，加剧机体中毒的毒量。

5. 迅速就诊

由于各种原因，即使野外或第一现场做了早期急救处理，也应立即转送相关医院就诊观察，以免因一时的疏忽而延误病情，因为伤者不是专业的蛇伤医师。到医院就诊时，最好将打死的蛇带入医院，以便医师确诊、对症下药。

五、蛇伤预防

许多蛇类的伤人事件，是因为人们侵犯了蛇类的"主权"，如脚踩踏蛇，手触碰蛇，其出于自卫的本能，才攻击"敌人"。只有毒蛇咬人后依仗自己有毒牙而有恃无恐，不会立即逃走，而那些无毒的蛇在咬人后自知对敌人不构成威胁，会立即逃走。因此，人们要预防的蛇伤是毒蛇咬伤。

怎样预防蛇伤呢？根据临床上各种毒蛇伤人事故的不同发病原因，现作以下重点介绍。

(一)根据蛇的生活习性预防

1. 置身野外，人们首先想到的就是如何防止毒蛇咬伤，其实蛇是怕人的。蛇类在与大自然的竞争中，这类古老的爬行动物之所以能生存延续下来，首先是依赖它敏捷的逃生本能，只要有风吹草动，它就会迅速逃跑，或深入洞穴或隐于石缝或躲入茂密的草丛。因此，古人在掌握蛇类这一生活习性后，发明了"打草惊蛇"的办法。

根据蛇的这一习性，野外工作人员手持竹杆或木棍，边拨打前面的草丛或边敲击地面，则可能会将蛇惊走。

2. 蛇喜欢钻洞穴，习惯在阴凉潮湿的环境中栖息，尤其喜欢吃老鼠等。因此，乡村农舍或住宅周围环境杂草丛生，阴凉潮湿的环境适宜蛇类活动，而蛇往往又因追捕老鼠而入屋，以至导致误伤人类。

要避免蛇伤，就必须搞好住宅周围的环境卫生，清除蛇类的隐蔽场地，消灭住宅周围的老鼠，从而减少毒蛇入屋伤人的机会。在农村，可喂一些鹅和鸭在屋周围放养，因为鹅、鸭有追赶蛇类的习性。

3. 蛇在闷热、空气湿度大的雨天常常会爬出隐蔽之地或钻出洞外，这个时候出门，则应十分注意预防蛇伤。

雨天，闷热的天气在野外工作时，应比平时更加提高警惕。不但草丛中要打草惊蛇，就是平坦的乡间小路上及潮湿的农宅内均要防止毒蛇咬伤。

4. 一般情况下，除眼镜蛇喜欢白天活动外，其他的毒蛇如五步蛇、银环蛇、蝮蛇都喜欢晚上活动，所以晚上的蛇伤较多见。

在蛇类活动季节，晚上出门时，一定要带电筒或火把。需要注意的情况，许多毒蛇有扑火习性，带火把时就首先要防止毒蛇扑火，最好以电筒为照明工具。

5. 许多毒蛇有爬树习性，在森林中工作、考察时，不能只注意地面，而忽视头顶上方的树林，毒蛇咬伤头部更难医治，危险性更大。

野外活动，尤其是进入森林，最简单的预防方法是头戴一顶草帽或有沿的帽子。夜晚在野外考察时，手电筒的光不但要照射地面，也要不断的扫射眼前的树林，尤其是头顶上方的树林。发现有毒蛇盘伏在地上时，必须同时注意前方的树上是否另缠有毒蛇。

6. 强烈色彩的视觉刺激可能引起蛇激怒而伤人。

入山进入森林时，切忌穿红色、黄色、白色等鲜亮颜色的衣服，以免在活动时，刺激那高度近视的毒蛇，从而造成误会而激怒它们。成为其准确的攻击目标，造成伤害。应穿暗色，不鲜艳的绿色或灰色、黑色衣服等。

（二）不同季节预防

1. 夏天预防

夏天是蛇类活动最频繁的季节，民间有七横八吊九缠树的说法，这时最易发生蛇伤。因此，大多数蛇伤都发生在这个季节。

2. 冬天预防

原则上冬天蛇已冬眠，不会发生毒蛇咬伤。但蛇冬眠前入蛰和冬眠后出蛰的时候也同样是其最活跃的季节，因为，蛇入洞冬眠前必须饱餐后方能度过寒冷的冬天，而冬眠后出蛰时，在经过了一个冬天的饥饿后，要四处寻食以补充体能的消耗。

但救治过的蛇伤病例中，一年四季都有蛇伤发生。只是冬季咬伤比率少一些而已。除蛇餐馆及蛇场工作人员外，野外乡村也同样发生。这是因为冬天出太阳时，一些毒蛇会爬出洞外晒太阳，这时往往发生意外的毒蛇咬伤。又如，冬天因追赶逃入洞穴的动物而伸手进洞抓捕动物时，可能被藏在洞中冬眠的毒蛇咬伤。因此，冬天尽管蛇类不活跃，在气温上升或侵犯它藏身的洞穴时，则应提高警惕，预防冬季蛇伤。

冬季，如若大批蛇类纷纷出洞，四处乱窜，则可能会发生地震。当然其他季节出现这种情况，也可能有地震发生。因此，在防震的同时，也要防止毒蛇咬伤。

（三）与毒蛇遭遇时预防

1. 置身野外，如果突然遭遇盘伏在地面上的毒蛇，切忌惊慌失措，手忙脚乱的逃跑，因为逃跑时的惊动，等于给蛇提供了准确的追击目标，有可能导致毒蛇根据你身影的快速移动和脚步的震动闻声追来，也可能在慌不择路时被更多尚未露面的毒蛇咬伤。

遭遇毒蛇时，必须保持镇静，需告诫同行的其他人注意，能绕过去的尽量绕道而行。千万不可逞一时之勇而打蛇(蛇是灭鼠能手，也是国家的保护动物)。如果蛇已经在游走，则尽量等待蛇走远或游入草丛中再继续行程。原则是不要惊扰和靠近它，需面对它悄悄先退后一段距离再绕道。

2. 有些毒蛇会追人或晚上扑火，因为毒蛇的颊窝是热感应器，它能感知人体的红外线，怎么才能躲过毒蛇的追击，防止它咬伤呢?

①遭遇毒蛇追击人时，最好是面对毒蛇逐渐后退，随手拿样东西在手中左右晃动，以分散毒蛇的注意。蛇有时会停下来，你可站着不动，双方对视一段时间后，蛇可能会先掉头溜走。如蛇追人急切，则快速呈"Z"字形后退，突然向左或向右急转弯，不要直线后退，这样，毒蛇会因不能急转弯而错失目标，让你有时间来应付它的突袭。②毒蛇扑火时，则应先将火把熄灭或将火把抛入水沟中或将火把就地放下后立即向后跃出，但切忌引起山火。如是电筒则应将电筒光直射毒蛇的双眼，由于突然的强光刺激，蛇瞳孔会急剧收缩，这时蛇会停住不动，人再悄悄后退。

3. 有些毒蛇会喷毒，如眼镜蛇，在2m距离内毒液命中双眼的几率是很高的。被毒液击中双眼后，轻者视力模糊、视力下降，重者可导致失明。

面对抬起蛇头的毒蛇，尤其是头颈膨扁，呼呼喷气的眼镜蛇，切勿在2m以内正面相对，即使是笼中的毒蛇，也勿靠近蛇笼，如要观察应在蛇的侧后面观察。

(四)野外宿营预防

野外宿营已成为一种新的旅游项目，往往在宿营地的帐篷周围有毒蛇出没，有时甚至遭遇毒蛇的侵扰，因此，野外宿营地的预防工作就显得十分重要。预防方法如下所示:

1. 宿营地的选择:野外宿营地既要选择靠水的地方，又不能太靠近水，避免选择小洞穴及石缝多的地方，更不能选过于阴凉潮湿的地方，最好是选开阔且草丛不茂密的地方。

2. 宿营地周围环境的清理:将帐篷周围尤其是帐篷门前至少1m范围内的杂草清理掉，必须在双目视野范围内达到一览无遗。

3. 帐篷搭好后，必须将帐篷门内门的拉链拉紧。每次出入都不要忘记拉紧拉链，既可避免毒蛇钻入帐篷内，又能防止各种毒虫的入侵。

4. 夜晚起床时，在拉开帐篷的拉链或穿鞋前，必须用手电筒查视一遍，确认帐篷门前无蛇或鞋内未藏蛇时，方可穿鞋出帐外出。

5. 为防蛇侵扰宿营地，可用雄黄酒、大蒜雄黄丸撒帐篷四周，有一定避蛇效果。

6. 可用芸香精或风油精喷洒帐篷周围，有一定防止毒蛇靠近的作用。

(五)药物预防

中国民间流传有许多药物防蛇的方法，这是因为某些有强烈特殊气味尤其是浓郁芳香的药物有驱避作用。但有些人以为用药涂抹双手双脚后蛇不会咬人的说法是不现实的，当你一脚踩痛了蛇，它会自卫本能咬你一口，临床上就有这样的病例发生。还有一种服药后可预防毒蛇咬伤的说法，也是不可靠的，因为毒蛇咬伤的治愈率本身就很高，尚未清晰是服药还是治疗的效果？何况许多所谓的预防性蛇药本身还有毒性。

下面介绍一些民间广为流传的简易避蛇驱蛇方法，仅供参考。

1. 雄黄酒

取雄黄 100~200g 研极细末，白酒 500mL 混合后外洒住宅前后。民间常在端午节前后用此法避蛇驱蛇。民间还有加入蟑螂 20 只入白酒中，同浸 2d 后再用的的方法。

2. 大蒜雄黄丸

取雄黄、大蒜各等量，共同抖碎，制成小药丸阴干，用时将药丸置住宅周围。为增大黏滞性，可加入糯米饭或棕子等适量同抖。

3. 樟脑菖蒲丸

取樟脑、菖蒲、雄黄或硫黄各若干，共研细末，撒已燃的艾叶上薰烟。或将细末撒住宅周围。

模块三　常见蜇(咬)伤的应急处理

在野外，除毒蛇咬伤较常见外，各种其他常见动物，如蜂类、蜈蚣、毛虫等蜇伤(或刺、咬伤)也较多见，有些甚至在室内也被其咬伤(蜘蛛等)，轻者可不治自愈，重者可因毒虫的毒素导致过敏性休克或急性肾衰等中毒危症而造成死亡。上述动物致伤的症状和治疗与毒蛇咬伤有许多相似之处，但又各有不同的特点(本单元附表一)。因此，本节将介绍常见的蜇(咬)伤的应急处理，尤其是蜂类蜇伤的相关常识。

一、蜂类蜇伤

各种蜂类为昆虫纲膜翅目昆虫，毒性较小的蜜蜂属蜜蜂总科；毒性较大的马蜂、黄蜂等属胡蜂总科。一般情况下，几只蜜蜂蜇伤大多可自愈，但如果几十只甚至更多的话，也可能会造成死亡。毒性较大的马蜂、黄蜂等蜇伤，即使是被几只攻击也会造成较大的危害，如果是几十只以上的话，其中毒症状与毒蛇咬伤的危重性一样，因其含神经毒素、溶血毒素及各种酶类，如不能及时处理会有较高的死亡率。

（一）蜂类类别

蜂类包括蜜蜂（图5-55）、黄蜂（图5-56）、大胡蜂（图5-57）和竹蜂（图5-58）等多种有毒刺的蜂类，其毒力以蜜蜂最小，黄蜂和大胡蜂较大，竹蜂最强。

图 5-55　蜜蜂

图 5-56　黄蜂

图 5-57　大胡蜂

图 5-58　竹蜂

(二)蜂毒特性

刚排出体外的蜂毒含水量达73%~88%，呈酸性反应，但一些主要毒素如蜜蜂中的多肽溶血毒呈强碱性（pH 值 = 10），胡蜂毒素中的直接溶血因子是一种碱性蛋白。因此各种蜂毒均能被强酸、强碱、高温、辐射线、直射阳光等破坏，使其失去活性。

(三)蜂类蜇伤原因

毒蜂尾端都有蜇针与毒腺相通，蜇人后将毒液注入体内，引起中毒。蜜蜂蜇针有逆钩，蜇人后螫针常残留体内，而胡蜂的雄蜂无螫针，雌蜂蜇针无逆钩。

蜜蜂蜂毒为微黄色透明酸性液体，主要含蚁酸和蛋白质，其他毒蜂的毒液则大都呈弱碱性，有致溶血、出血和神经毒作用，中毒反应较蜜蜂快且严重，严重者可引起中枢神经损害、心血管功能紊乱等症状，甚至死于呼吸中枢麻痹。

(四)蜂类蜇伤临床表现

蜂类蜇伤的临床表现通常分为三类。

1. 轻度

局部出现红肿、痛痒，部分患者可出现头痛、皮疹和风疹块等类似于荨麻疹症状。如果蜂刺留在伤口内，在红肿的中心可见一黑色小点（图 5-59），可引起化脓。

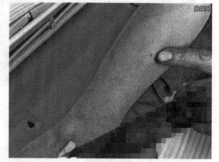

图 5-59　蜂刺留在伤口内

2. 中度

局部出现水疱，并伴随恶心、呕吐、腹痛、腹泻等胃肠道症状，可出现咳喘、咽部梗阻感、呼吸困难、胸闷等类似过敏性哮喘症状。

3. 重度

表现为烦躁不安、大汗淋漓、面色苍白、晕厥、血压不稳或下降。甚至出现过敏性休克、昏迷及死亡等危急症状。

(五)死亡原因

1. 急性肾衰

蜂毒的溶血活性可导致弥漫性血管内凝血，并引起肾坏死而致尿毒综合症，患者可因急性肾衰而死亡。

2. 过敏性休克

因蜂毒是一种较强的变态反应原混合物，很多蜂蜇伤的病例可引起过敏反应，蜂毒的过敏性休克多见，可引起死亡。

3. 呼吸衰竭

蜂毒所含的中枢神经毒麻痹作用及喉头水肿阻塞气管等因素，导致呼吸困难而引发呼吸衰竭。

（六）应急处理

1. 不论何种蜂毒蜇伤，首先要将伤口内的蜂刺迅速拔出，并仔细检查伤口，不得有折断的蜂刺留在体内。

2. 黄蜂、大胡蜂等毒蜂蜇伤，用酸性液体治疗：如用食醋或腌酸菜液，冲洗伤口和外涂、外敷伤口。蜜蜂蜇伤用碱性液体治疗：如用5%小苏打液或肥皂水、盐水或3%氨水冲洗伤口和外涂外敷伤口。

3. "莽山陈博士蛇药"外涂液涂擦或湿敷局部伤处，有边涂边止痛功效。也可用其他蛇药片磨醋外涂。野外可用野花椒、青总管、山苍子等抖碎外擦或调米醋外敷患处。或赤小豆、绿豆、甘草等研末和醋外敷。

4. 症状严重的危重型蜂蜇伤，应立即送医院救治。

5. 蜂蜇伤后的中医诊治，蜂蜇伤后所表现的症状类似蛇伤火毒型，可按蛇伤火毒型治疗，用清热，凉血解毒的中草药。

（七）预防

1. 野外活动时，避免经过没人走的草径、草丛，这些区域可能是毒蜂筑巢之处。山岩及树枝上也要随时留心观察，是否有毒蜂栖息。此外，需远离垃圾堆、花圃区等毒蜂经常出没的地方。

2. 阴雨天气蜂类多在巢内而不外出，因巢内拥挤容易被激怒而蜇人，所以每年9～11月雨季中野外活动者，需特别注意毒蜂危害。

3. 要注意个人防护。野外活动最好穿戴表面光滑及颜色深暗的长袖衣裤，因为颜色鲜艳的衣服易吸引昆虫，避免穿戴艳色、毛织品或表面粗糙的衣帽。不使用含芳香味的洗发精或除汗剂，女士最好不要洒香水，以免毒蜂攻击。

4. 走到草深及膝，一面是悬崖的单行山路时，要特别小心，因为险恶地形处通常是毒蜂出没的场所。如果发现毒蜂，最好绕道而行，不要乱捅蜂窝或激惹蜂群。

5. 发现毒蜂出现，最好站立不动，保持镇静，让它自行飞去，如果用手拍打，虽然毒蜂可能被赶走，但是后来的人也许就成为受害者。发现蜂巢时，要悄然走开，不要猛跑，以免惊扰蜂群引起尾追。万一遭遇蜂群攻击，要立刻就地蹲下，用衣服护住身体的暴露部位，尤其是头部。

二、蜈蚣咬伤

蜈蚣又称百足虫，是多足纲唇足类的通称，全世界约有 3000 种，蜈蚣是一种昼伏夜出的夜行性肉食性节肢动物。蜈蚣的毒液在躯干部的颚肢节的第 1 节的毒囊中。并通过毒导管向末爪的尖端开口，通过尖端锋利的爪子，刺穿动物的皮肤，毒腺分泌的毒液即沿导管从尖端处注入动物体内造成动物中毒。蜈蚣还会从腹腺和基节腺体产生一些防卫性分泌物以抵抗蚂蚁、甲虫等敌人的侵害。现在通称的蜈蚣咬伤，实际不是它的嘴巴咬伤，是蜈蚣的颚肢节蜇伤。

（一）蜈蚣毒特性

蜈蚣毒液淡黄色呈酸性反应，能被酒精、强碱破坏。蜈蚣的防卫性分泌物黏稠，有些具有强烈的气味。

（二）临床症状

1. 局部症状

局部伤痕呈楔状（▶◀），多数人只有轻微的红肿、疼痛或灼痛及水肿。重者表皮坏死和脱皮，淋巴结肿大。

2. 全身症状

一般全身中毒症状少见，但个别重者可出现高热，全身发麻、焦虑、头痛头晕、恶心呕吐；甚至呼吸紊乱、过敏性休克而死亡，但少见。

（三）应急处理

1. 以碱性药物如 5%～10% 的小苏打液或盐水涂擦伤口（忌用醋酸等酸性溶液涂擦，也禁用碘酒涂擦）。

2. 高锰酸钾置伤口上或 3% 氨水或肥皂水涂敷伤口。

3. 草纸卷成筒，点燃后薰灸伤口或艾灸烟熏伤口。

4. 雄鸡一只，倒提后，流出之口水（唾液）用小碗接住涂抹伤口。或雄鸡血涂抹伤口。

5. 各种蛇药研末或甘草、雄黄各等份研成细末菜油调涂。

6. 红辣蓼一把捣烂后揉擦伤口。

7. 蜈蚣咬伤一般无需全身治疗，症状严重者可送往医院对症治疗。

(四)预防

1. 野外活动要注意个人防护，穿长袖衣裤，裤子最好扎到靴子里，夏天不穿凉鞋或拖鞋。

2. 蜈蚣喜潮湿的环境，如在潮湿的环境就地休息，可以在地面上撒些石灰或喷洒杀虫剂来驱赶蜈蚣。

3. 野外宿营时要选择周围干燥的环境，帐篷搭好后，必须将帐篷门内门的拉链拉紧。每次出入都不要忘记拉紧拉链，以免蜈蚣钻入帐篷内。

三、毒蜘蛛咬伤

蜘蛛隶属节肢动物门蛛形纲蜘蛛目，蜘蛛是自然界中有害昆虫的克星。大多数蜘蛛均有毒，毒蜘蛛的分类比毒蛇更复杂，它们的毒性也因种类、地区、季节及年龄之间的不同而有差异。毒蜘蛛在额上方有爪状或镰刀状的钩牙，钩牙坚硬，能回收，咬物时毒腺中的毒液通过钩牙的尖端排射。蜘蛛的毒素也同毒蛇一样，可分为神经毒、溶血毒和混合毒。

一般的蜘蛛蜇人后会引起较明显的局部症状，剧毒的黑寡妇蜘蛛、穴居狼蛛等数十种蜘蛛伤人后其死亡率可高达5%左右。国外致死率更高。

(一)临床症状

1. 局部症状

伤口剧痛，或麻木或烧灼感或局部发热，伤口可见1~2个针尖样钩牙小螫眼，伤周瘙痒，有瘀点。或出现圆形、椭圆形硬肿块或瘀斑，局部暗红肿胀及血水泡。数天后局部发黑坏死，逐渐糜烂。

2. 全身症状

各种蜘蛛咬伤的差异较大，有些可立即表现出全身症状，有些则有较长的潜伏期，需3~5d才表现出较重的全身症状。

根据毒液性质的不同，可有全身瘙痒、眼睑下垂、发热、胸闷、头晕眼花、纳差、手脚麻木、恶心呕吐等症。重者周身肌肉疼痛、烦躁不安、呼吸困难、抽搐痉挛，并出现尿潴留，少尿；视物模糊、心律不齐。最后呼吸麻痹、全身瘫痪、瞳孔散大，各种神经反射消失。数天后出现二次感染者可有高烧。

3. 后遗症

治愈后，常常有患肢长期麻木，周身脱皮，伤处挛缩，甚至致残等症。

(二)死亡原因

1. 蜘蛛毒中的神经毒可引起外周神经麻痹导致呼吸衰竭。

2. 蜘蛛毒中的溶血毒素及混合毒素可引起溶血，各种酶造成局部组织大面积坏死，可因循环衰竭，肾功能衰竭而导致死亡。

3. 重度感染，较长的发病期治疗期，大面积的坏死糜烂，引起的重复感染及坏死组织毒素的吸收，也是病人主要致死原因。

(三)应急处理

1. 按毒蛇咬伤局部急救法处理，立即切开局部伤口，从近心端向远心端、从周围向伤口挤压出毒血水，并以 0.1% 高锰酸钾液或 3% 双氧水或自来水、肥皂水冲洗局部，或用火罐等负压吸毒，并以 75% 酒精或络合碘或 2% 碘酊消毒伤口，或以火灼法灼伤口等均可。目的是将蜘蛛毒从伤口内挤出去，或在还未吸收前将其破坏掉，减轻其吸收进入体内的毒量。

2. 可用"莽山陈博士蛇药"外涂液湿敷，或"季德胜蛇药"或其他各种蛇药以 75% 酒精调成糊状外敷或外涂。

3. 野菊花、九里光、七叶一枝花、八角莲捣敷或磨酒外涂。

4. 桃树叶捣盐外敷。

5. 有感染溃烂坏死者按毒蛇咬伤溃疡治疗法诊治。

6. 如症状严重，立即送往医院诊治。

需要注意的情况，毒蜘蛛咬伤，重者治疗期比毒蛇咬伤要长，尤其是局部坏死糜烂者治疗期更长，但要有耐心还是可治好的。

(四)预防

1. 野外活动要注意个人防护，穿长袖衣裤，不穿凉鞋，不露脚，戴有缘的帽子。

2. 野外宿营时要选择干净空旷的平地，帐篷搭好后，及时将帐篷内门的拉链拉紧。

四、毒蝎咬伤

蝎子又称"全虫"，隶蛛形纲，种类的不同，其毒性大小也有区别。蝎子咬物时，先以前面的双螯钳住猎物，然后尾端钩转，将尾部有毒的尖利毒钩

(称尾刺)戳入猎物的身上。使其麻痹不能动弹，任其取食。国外毒蝎螫伤人的死亡比例较高，中国有蝎子 15 种，尚未有受伤致死的病例报道。

(一)蝎子毒特性

毒蝎中的神经毒是最主要的毒液，但它有专特性，即只对某类动物起毒性作用。如毒蝎中的哺乳类神经毒只对哺乳动物有毒性作用。这类毒素为碱性有毒多肽。

(二)临床症状

1. 局部症状

毒蝎刺伤后，局部可出现刺伤痕迹，有红肿疼痛或烧灼痛。轻者一般无明显症状。

2. 全身症状

中毒较重者可出现流泪、头晕头痛、恶心呕吐、畏光嗜睡、口舌僵硬、呼吸加快、冷汗淋漓、肌肉抽搐、四肢麻痹等症。

(三)应急处理

1. 首先将伤口内断落的毒蝎刺尖拔除，按蛇伤局部急救法处理。用 0.1% 高锰酸钾液或 5% 小苏打液冲洗伤口或用 3% 氨水外涂伤口，野外也可用清水或尿液反复冲洗伤口。并用切开挤压、拔毒法清除蝎毒。

2. 各种蛇药外涂局部。

3. 症状严重者送往医院诊治。

(四)预防

蝎子昼伏夜出，多在石头下面，阴雨天时常会进入室内。野外活动者防备被毒蝎刺伤，主要在于个人防护，穿长袖衣裤，不穿凉鞋，不露脚。发现室内有蝎子不要用手抓，应借助其他工具。野外宿营时不要选择离石头近的地方，帐篷搭好后，及时将帐篷内门的拉链拉紧。

五、"毛毛虫"螫伤

能引起致伤反应的"毛毛虫"统属昆虫纲鳞翅目，约有 200 种左右的有毒"毛毛虫"以其有毒的毒毛螫伤人体，或脱落的毒毛随风粘附人体和衣服上时，引起过敏性皮炎、眼部炎症及呼吸系统疾病。可以是个体，也可以是群体流行。毛毛虫致病原理：一是毒毛的机械刺激引起的瘙痒；另一个是毒毛均含毒液，刺入人体后，毒囊破裂，毒液进入人体。引起火灼样痛或感染，可以是直接接触，也可以是间接接触，如脱落在空中飘飞的毒毛被吸入呼吸道，或黏附眼睛均可致病。本病未见有死亡报道。

（一）临床症状

1. 局部症状

局部可有瘙痒感及火灼样痛或刺痛，个别有剧痛。可出现肿胀及红疹、红斑。重者出现针头状水疱疹，甚至局部糜烂。还可并发荨麻疹、关节炎等全身反应。

2. 眼部症状

毒毛随风飘进眼部时，可导致眼组织炎症反应，如结膜炎或角膜炎等，出现畏光流泪、眼睑红肿、疼痛瘙痒等症。

3. 呼吸道症状

毒毛随风吸入呼吸道时，可引起鼻痒流涕、喷嚏不断、咽喉痒肿痛、咳嗽痰多，甚至气管水肿而致呼吸困难。

（二）应急处理与治疗

1. 局部应急处理

（1）用胶布或透明胶等有黏性的块状胶，粘贴被毒毛虫螫过的部位后立即撕开，反复多次，使毒毛黏在胶布上拔除。

（2）可用刀片顺毒毛方向轻轻刮除，但不可切断毒毛。以免根部仍留在皮肤内。

（3）外涂3%氨水，或以75%酒精或2%碘酒外擦，以防感染。

（4）犁头草、马齿苋、蒲公英等量抖敷或各种蛇药研末调醋外涂。

（5）有感染者做抗感染处理。

2. 眼部治疗

眼部炎症可滴氯霉素眼药水合氢化可的松眼药水或用红霉素眼膏。并作抗感染处理。前期要清洗眼部。尽量将毒毛洗出。可用清水一盆，将眼潜入清水中，在水中睁开双眼，一睁一闭多次后，毒毛会随水飘出眼外，然后再用药。

（四）预防

1. 野外活动要注意个人防护，穿长袖衣裤，不穿凉鞋不露脚。
2. 进入林地戴有缘的帽子。

3. 野外宿营时要选择干净空旷的平地，帐篷搭好后，及时将帐篷内门的拉链拉紧。

模块四　心跳骤停的应急处理

心跳骤停，是指各种原因导致心跳突然停止跳动，主要表现为突然意识丧失，触不到大动脉搏动，如果抢救不及时，可导致死亡发生。

一、心跳骤停常见原因

心脏疾病引起，如原有冠心病、急性心肌梗塞和急性心肌炎等。

意外事件引起，如电击伤、严重创伤、溺水、窒息等。

二、心跳骤停的判断方法

(一)心跳骤停判断依据

凡是出现意识丧失、大动脉搏动消失即可判断为心跳骤停。

(二)判断方法

1. 判断意识丧失的方法

一边摇晃或拍打患者双肩，一边大声呼喊，如"喂！你怎么啦?"观察有无反应，如无任何反应，即为意识丧失。

2. 判断动脉搏动消失的方法

使患者仰面平卧，用食指和中指指腹触及患者的喉结，然后向近侧滑动 2~3cm 处，即为颈动脉处(图 5-60)。如不能触到搏动，提示颈动脉搏动消失，证明心跳已经停止。检查判断的时间不超过 10s，应该立即拨打急救电话 120。如现场只有一名抢救者，应同时高声呼救、寻求旁人帮助。

图 5-60　触诊颈动脉

(三)心跳骤停应急处理方法

心脏骤停的抢救必须争分夺秒，不可坐等救护车到来再送医院救治。应当立即采取以下急救措施进行心肺复苏。

1. 胸外心脏按压

使患者取仰卧位安放于硬板床上或地面上，松开患者外衣、裤带，双手置于两侧躯干旁。单人抢救时，抢救者宜位于患者肩旁，两腿自然分开，与肩同宽。双人抢救时，两人相对，一人位于患者头旁，负责人工呼吸，一人位于患者胸旁，负责胸外心脏按压。

胸外心脏按压操作方法（图5-61）抢救者将一手掌根部放在按压部位（成人和8岁以上儿童在胸骨中下1/3处，即两乳头连线与胸骨的交叉处；8岁以下患儿在两乳头连线与胸骨的交叉点稍下），再将另一手掌根部重叠放在前一手掌背部，两手手指交叉抬起，手指抬离胸壁。抢救者肘关节伸直，上半身前倾，两肩要位于双手的正上方，利用上半

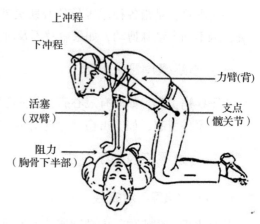

图5-61　胸外心脏按压

身的体重和肩臂部肌肉的力量，垂直向下用力按压，按压频率每分钟100次以上，按压深度至少为5cm（8岁以下患儿为胸廓前后径的1/3~1/2处），按压与放松时间应大致相等，放松时手掌根不可离开胸壁按压点。

2. 畅通气道

取出假牙，清除口鼻分泌物。

（1）仰头举颏法（图5-62）如患者无颈椎损伤，可首选此法。救护者站立或跪在患者身体一侧，一手置于患者前额，手掌用力向后压，使头部后仰，另一手的手指放在颏部下方，将颏部上抬。

（2）托下颌法（图5-63）对发生或怀疑颈椎损伤，选用此法可避免加重颈椎损伤，但不便于口对口吹气。抢救者站立或跪在患者头顶端，肘关节支撑在患者仰卧的平面上，两手分别放在患者头部两侧，分别用两手食、中指固定住患者两侧下颌角，小鱼际固定住两侧颞部，拉起两侧下颌角，使头部后仰。

（3）仰面抬颈法（图5-64）抢救者一手将患者颈部抬起，另一手置于患者前额，用小鱼际侧下按患者前额，使头后仰，颈部抬起。此法禁用于头颈部外伤者，以免进一步损伤脊髓。

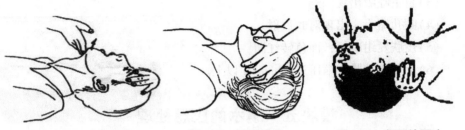

图5-62　仰头举颏法　　　图5-63　托下颌法　　　图5-64　仰面抬颈法

3. 人工呼吸

常用的方法有口对口人工呼吸和口对鼻人工呼吸两种。

(1)口对口人工呼吸(图5-65)　先用单层布盖住患者的口鼻，抢救者用按在患者前额上的手的拇指和食指捏紧患者的鼻孔，深吸一口气后，用口唇包紧患者口部，然后用力吹气，使患者胸廓扩张。放松捏鼻孔的手，然后再捏住患者口鼻，深吸气后重复吹起1次。吹气气频率：成人10~12次/min，8岁以下患儿12~20次/min，婴幼儿约30次/min。

(2)口对鼻人工呼吸(图5-66)　患者牙关紧闭，口腔周围严重外伤时，可采用口对鼻人工呼吸。单层布遮盖患者鼻部，抢救者深吸气后，以口唇密封患者鼻孔周围，用力向鼻孔吹气。吹气频率同口对口人工呼吸。成人胸外心脏按压与人工呼吸的比值是单人操作与双人操作均为30:2。

图5-65　口对口人工呼吸

图5-66　口对鼻人工呼吸

4. 心肺复苏的有效表现

(1)自主心跳恢复。

(2)颈动脉、股动脉等大动脉可摸到搏动。

（3）自主呼吸出现。

（4）瞳孔缩小，出现对光反射。

（5）皮肤发绀减轻，面色转红润。

（6）上肢肱动脉收缩压达60mmHg以上。

模块五 溺水的应急处理

溺水，是指人淹没或沉浸在液性介质中并导致呼吸损害的过程，由于无法呼吸，引起机体缺氧和二氧化碳潴留，也可因反射性喉、气管、支气管痉挛和水中污泥、杂草堵塞呼吸道而发生窒息。

一、溺水常见原因

1. 心理因素

怕水、心情紧张，一旦遇到意外事，因惊慌失措、动作慌乱、四肢僵直等导致溺水。

2. 生理因素

体力不支、饱食、饥饿、酒后等导致溺水。

3. 病理原因

患有不宜在水中活动疾病的人，如心血管系统疾病、精神病等，下水后引起病发，导致溺水。

4. 技术原因

不会游泳或游泳技术不佳，或技术失误者出现意外等导致溺水。

5．其他

游泳场所的组织，管理不规范，设施有隐患，游泳者缺乏自我保护意识，投水自杀或意外事故等均可导致溺水。

二、溺水临床表现

由于溺水时间长短不同，病情表现也轻重不一。若淹溺在1~2min内获救者，短时间内可出现缺氧的表现，获救后神志多清醒，可出现呛咳，呼吸频率加快，血压增高，胸闷胀不适，四肢酸痛无力等表现；若淹溺3~4min内获救则因窒息和缺氧时间较长，出现神志模糊，烦躁不安或不清，剧烈咳嗽，喘憋，呼吸困难，心率慢，血压降低，皮肤冷，发绀等征象；严重者可出现意识障碍，睑面水肿，眼充血，口鼻血性泡沫痰，皮肤湿冷，呼吸困难，发绀，上腹胀满。若淹溺时间达5min以上时可表现为神智昏迷，口鼻血性分泌物，呼吸微弱表浅，以致瞳孔散大，呼吸心跳停止。

三、溺水急救处理流程

(一)不会游泳者自救

1. 落水后不要心慌意乱，一定要保持头脑清醒。

2. 可采取头顶向后，口向上方，将口鼻露出水面(仰漂姿势)，此时就能进行呼吸(图5-67)。

3. 呼气要浅，吸气宜深，尽可能使身体浮于水面，以等待他人抢救。

4. 切记：千万不能将手上举或拼命挣扎，因为这样反而容易使人下沉。

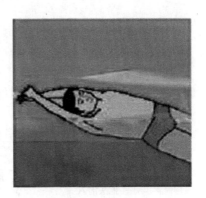

图5-67　仰漂姿势

(二)会游泳者自救

1. 因小腿腓肠肌痉挛而致溺水，应心平静气，及时呼人援救。

2. 自己将身体抱成一团，浮上水面。

3. 深吸一口气，把脸浸入水中，将痉挛(抽筋)下肢的拇指用力向前上方拉，使拇指跷起来，持续用力，直到剧痛消失，抽筋自然也就停止(图5-68)。

4. 一次发作之后，同一部位可以再次抽筋，所以对疼痛处要充分按摩和慢慢向岸上游去，上岸后最好再按摩和热敷患处。

5. 如果手腕肌肉抽筋，自己可将手指上下屈伸，并采取仰面位，以两足游泳(图5-69)。

(三)互救

1. 救护者应镇静，尽可能脱去衣裤，尤其要脱去鞋靴，迅速游到溺水者附近。

2. 对筋疲力尽的溺水者，救护者可从头部接近。

3. 对神志清醒的溺水者，救护者应从背后接近，用一只手从背后抱住溺水者的头颈，另一只手抓住溺水者的手臂游向岸边(图5-70)。

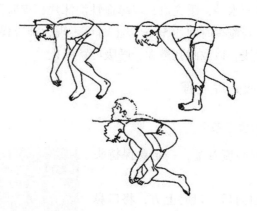

图 5-68　缓解痉挛图示

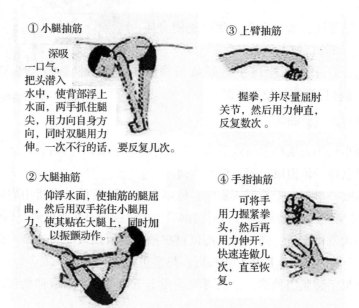

① 小腿抽筋

深吸一口气，把头潜入水中，使背部浮上水面，两手抓住腿尖，用力向自身方向，同时双腿用力伸。一次不行的话，要反复几次。

③ 上臂抽筋

握拳，并尽量屈肘关节，然后用力伸直，反复数次。

② 大腿抽筋

仰浮水面，使抽筋的腿屈曲，然后用双手掐住小腿用力，使其贴在大腿上，同时加以振颤动作。

④ 手指抽筋

可将手用力握紧拳头，然后再用力伸开，快速连做几次，直至恢复。

图 5-69　溺水抽筋的处理方法

4. 如救护者游泳技术不熟练，则最好携带救生圈、木板或乘小船进行救护，或投下绳索、竹竿等，使溺水者握住再拖带上岸（图5-71）。

5. 切记：救援时要防止被溺水者紧抱缠身而双双发生危险。如被抱住，不要相互拖拉，应放手自沉，使溺水者手松开，再进行救护。

用仰泳的姿势将溺水
者带到安全处　　　双手从溺水者腋下
抱肩返回安全处

图 5-70　救援时注意事项

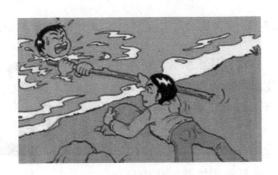

图 5-71　救援方式之一

(四)现场急救

1. 发现溺水者后立即拨打 120 或附近医院的急诊电话请求医疗急救。

2. 首先将溺水者救上岸。

3. 溺水者从水中救起后，呼吸道常被呕吐物、泥沙、藻类等异物阻塞，故应立即清除溺水者口鼻淤泥、杂草、呕吐物等，将患者置于平卧位，头后仰，抬起下颏，撬开口腔，将舌拉出，使其呼吸道通畅，如有活动义齿也应取出，以免坠入气管。并解除紧裹的内衣、文胸、腰带等。

4. 采用下列任意一种方法迅速倒出溺水者呼吸道和胃内积水，时间不宜过长。

(1)膝顶法　急救者取半蹲位，一腿跪地，另一腿屈膝，将溺水者腹部横置于救护者屈膝的大腿上，令其头部下垂，呈俯卧状，并用手平压其背部，促使呼吸道及消化道内的水倒出(图 5-72)。

(2)肩顶法　急救者抱起溺水者的双腿，将其腹部置于急救者的肩部，使淹溺者头胸下垂，急救者快步行走，促使淹溺者肺、胃内的积水倒出（图5-73）。

图5-72　膝顶法控水

图5-73　肩顶法控水

（3）抱腹法　急救者从溺水者背后双手抱住其腰腹部，使溺水者背部在上，头胸部下垂，晃动溺水者，以利迅速排出积水（图5-74）。

5. 对呼吸、心脏骤停者应立即进行心肺复苏术，心肺复苏是淹溺抢救工作中最重要的措施。若淹溺者仅呼吸停止，仍有节律的心搏，则在尽快清除口鼻腔内污物的同时进行口对口人工呼吸。如呼吸、心搏均停止，应立即进行胸外心脏按压、口对口人工呼吸。

图5-74　抱腹法控水

6. 患者心跳呼吸恢复以后，应脱去湿冷的衣物，以干爽的衣服、被褥包裹全身予以复温。同时迅速转送医院，在患者转运过程中，不得中断救治。

模块六　晕厥的应急处理

晕厥是一种临床综合征，又称为昏厥。主要是一时性大脑供血或供氧不足而引起意识丧失，历时数秒至数分钟，即可恢复。

一、晕厥常见病因

1. 血管神经性昏厥

常因精神过度紧张、疼痛、恐惧、焦虑、闷热、疲劳而诱发。多见于体质较弱者。

2. 体位性昏厥

身体位置突然发生改变，例如，从平卧突然坐起或下床；从蹲位突然站起；或在阳光下站立时间过长而发生的昏厥。

3. 心源性昏厥

各种心脏病引起突然发生的昏厥。

4. 脑性昏厥

主要见于高血压病、肾炎时的血压突然升高、脑血管痉挛而发生昏厥，常伴有抽搐、暂时性瘫痪和肢体麻木等症状。

5. 低血糖性晕厥

主要是因为过度饥饿引起血糖过低导致昏厥发生。

6. 排尿性昏厥

又称小便猝倒，俗称"尿晕症"。主要因为是血管舒张和收缩障碍造成低血压，引起大脑一时性供血不足所致。

二、晕厥应急处理方法

1. 迅速使患者采取平卧体位，解开衣领、皮带，保持呼吸道通畅。

2. 指压人中穴（人中穴位于鼻下唇上人中沟上 1/3 与下 2/3 交界处）（图 5-75）。

3. 脑性昏厥立即给予降血压药物治疗。

4. 心源性昏厥应做好心肺复苏的准备，昏厥解除后立即送医院，积极治疗原有的心脏病。

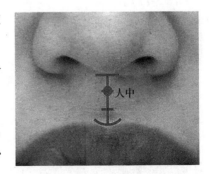

图 5-75 人中穴

5. 预防体位性昏厥，当体位变动时动作尽可能轻缓。

6. 有"尿晕症"者，排尿后不要立即起身，起身时有人搀扶。

7. 低血糖反应发作时，应立即停止活动，尽快进食含有 15~20g 葡萄糖的食物或饮料。进食后宜休息10~15min，如15 min后仍感身体不适，可再吃些水果、饼干、面包等含糖食物。若低血糖反应持续发作，应立即将患者送往医疗室、急救站、医院进行抢救。

模块七　植物过敏的应急处理

目前，全世界植物约有30多万种，其中有毒植物约2000种。我国已知的有毒植物有近千种，有毒的植物自身化学成分复杂，多含有使人过敏的化学物质，尤其是释放出的某些有害气体。轻者引起接触部位的红肿、瘙痒，重者则引起大面积的溃疡。若过敏部位在内脏或呼吸系统，轻者会引起哮喘，重者将有因窒息而危及生命的危险。

一、引起过敏的常见植物及其临床表现

1. 花叶万年青

别名：万年青、黛粉叶。花叶万年青（图6-76）汁液内含有草酸、草酸钙晶体等有毒的化合物，皮肤接触后常引起皮肤过敏，出现瘙痒和皮炎等症状。误食后则可引起消化道肿痛、麻痹等现象，甚至导致声带损伤，使人变哑。

2. 短穗鱼尾葵

别名：酒椰子。短穗鱼尾葵果实中含有可致皮肤瘙痒和红肿的过敏物质（见图5-77）。

图5-76　花叶万年青

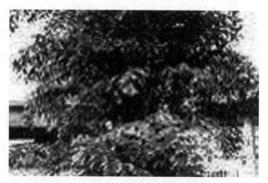

图5-77　短穗鱼尾葵

3. 海芋

别名：野芋、大麻芋、姑婆芋、天荷芋等。海芋（图5-78）的汁液接触可致人皮肤瘙痒等过敏症状；液汁触及眼睛时可有剧痛感，嚼食花穗可致人精

神错乱，乃至口部肿胀灼痛，严重时可致人死亡。

4. 夜香树

别名：夜来香、洋丁香、夜丁香。夜香树（图5-79）的花、茎和叶均有毒。夜晚开花，散发出浓郁的香味，花粉可致呼吸道过敏，长时间闻会引起头晕、恶心、呕吐、呼吸困难、昏迷等症状，严重者可造成窒息死亡。

图5-78　海芋　　　　　　　　　　　图5-79　夜香树

5. 马鞭草

别名：铁马鞭、马鞭稍、狗牙草、铁扫帚。马鞭草（图5-80）具有光敏毒性，马鞭草坩、戟叶马鞭草苷、腺苷等化合物对皮肤有刺激性作用，接触后经日晒会引起皮肤发胀、红肿等过敏症状。

6. 一点红

别名：红背叶、羊蹄草、清香菜。一点红全草有小毒。对皮肤有刺激性，可引起皮肤红肿、起泡；食用过量会引起中毒（图5-81）。

图5-80　马鞭草　　　　　　　　　　图5-81　一点红

7. 飞机草

别名：香泽兰、菊叶草。皮肤接触飞机草的叶可引起红肿、起泡等过敏症状；误食会出现头晕、呕吐(图5-82)。

8. 银杏

别名：公孙树、白果树。银杏(图5-83)的银杏酚、银杏酸等成分与皮肤接触常引起漆毒性皮炎。种子(白果)含微量氰氢酸，10岁以下儿童吃食易引起中毒，成人偶尔出现中毒症状；轻者呕吐、昏迷，重者可致呼吸困难，乃至死亡。

图5-82 飞机草

图5-83 银杏

9. 杧果

杧果(图5-84)的乳汁接触皮肤后常引起对称急性皮炎，早期局部皮肤发痒，继而出现皮肤红斑、水疱，伴有腹痛、腹泻等消化系统症状。部分人对其果实过敏，食后引起口腔肿胀、发痒。

10. 荞麦

别名：花麦、三角麦、乌麦、净肠草、鹿蹄草。荞麦花(图5-85)含红色荧光色素光敏性物质。误食后可引起皮肤发炎，有红色斑症，日晒会加重，出现痛痒、头痛、恶心和呕吐等。

图5-84 杧果

图5-85 野荞麦

二、植物过敏应急处理方法

1. 当不慎接触有毒植物出现过敏反应时，局部用湿毛巾冷敷，可以起到镇静止痒的作用。轻症用肥皂水或稀盐水冲洗皮肤，但不能过于刺激；而重症过敏者则需口服或注射脱敏药后，立即送往医院救治。

2. 误食后应马上服用温热的豆浆或牛奶 200～300mL，可减轻毒汁吸收并避免肠道损伤。随后再刺激咽喉部催吐，反复 4～5 次后及时送医。

三、植物过敏预防措施

1. 尽量避免接触、误食这些有毒植物。

2. 花粉多的时节尽量减少外出，尤其避免在干燥刮风天气、花草多的山区或草原活动。

3. 外出时宜穿长袖衣服、口罩、眼镜或头部罩一个白色透明纱巾。野外作业或外出春游，最好带些抗过敏药物，如开思亭、开瑞坦、扑尔敏及苯海拉明等。

4. 外出回家后清洗颜面、鼻腔、眼睛等黏有花粉的部位，更换外衣减少花粉接触，睡前沐浴去除身体其他部位的花粉。

5. 应用花粉阻断剂，保护鼻黏膜接触花粉。

6. 花粉季节结束后择期行脱敏治疗，可减轻来年花粉症的症状。

模块八　户外急救包的使用

随着户外运动的越来越普及，人们对户外安全不容忽视。户外应急装备包，也许在关键时刻能派上用场。

一、户外急救包的用途

户外急救包主要是在一些意外情况下，用于第一时间的紧急救援治疗。随着森林康养的广泛开展，野外环境下，任何意外都随时可能发生，当意外来临的时候，往往第一时间的治疗非常关键，甚至关乎生命，因此户外急救包应该成为野外出行必备的装备。小小的急救包，关键时刻往往可能发挥至关重要的作用。

二、户外急救包药品清单

户外急救包中常备的药品包括：感冒药、退烧药、消炎药、肠胃药、抗过敏药物等。夏天可备仁丹、薄荷膏等防暑降温的药品。在南方或者蛇、虫经常出没的地方，蛇药更是必不可少的。

三、户外急救包器械清单

户外急救包中常备的常备急救器材包括：急救毯、卡扣式止血带、安全别针、三角巾、医用弹性绷带、医用脱脂纱布、碘伏、棉棒、创可贴、医用胶带、手电筒、急救手册(图5-86)。

图5-86　户外急救包

四、户外急救包使用方法和注意事项

1. 急救用品做好完全密封的包装在放入急救箱，急救箱必须防水。

2. 药品要避免可引起过敏反应的药品，如青霉素类抗生素。要仔细阅读药品说明书，记住每种药品的使用方法、用量及禁忌。

3. 急救器材分类用透明塑料袋子包裹好，清凉油、酒精、笔等用品应该用蜡烛滴蜡封住盖子的缝隙防止蒸发，手电筒等电器用品应该将电池倒置以防止不经意的撞击导致自动打开而耗尽电量。

4. 定期检查急救包内药品的生产日期和保质期，确保急救包内所有药品都在保质期内，防止过期误服造成更大的麻烦。

其实，急救包里的东西不仅在受伤的时候有用，在其他情况下也可以大显身手。如创可贴还可以临时修补破损的冲锋衣、雨衣、睡袋、帐篷等；纱布除包扎外还可以用作过滤水源，弹性绷带可以在关节扭伤时当做临时护膝、护踝等，帮助韧带恢复，也可以用作临时紧急止血带来使用。

附表一　毒蛇咬伤与有毒昆虫致伤的鉴别

	鉴别诊断要点	相似症状
蜈蚣	牙痕排列呈楔状，无下颚牙痕伤口无麻木、无全身症状或轻微	局部红肿剧痛，可有组织坏死
蝎子	可有双眼流泪及流口水等反应	局部疼痛麻木，毒素吸收后会出现肌肉紧张和痛
毒蜂	伤口无麻木，多个点状伤口，可发生休克及肾功能衰竭，伤口以头部多见	局部痛肿，个别有畏寒头昏
山蚂蟥	伤口轻微痒，不痛、不肿、无麻木感，无全身中毒反应	伤口出血不止，个别轻微痛
毒蜘蛛	无明显毒蛇咬伤痕迹，全身中毒症状轻微，但重者可导致死亡	伤口剧痛、麻木、可有组织坏死发生，中毒深者可有肌痉挛
毛虫	表皮片状损伤，无典型牙痕，痒而不痛。烧灼感	局部红肿，有炎症反应，只损及皮肤
海蜇	多条线状伤口，可发生休克，但无死亡现象	局部有肿痛

单元六

森林康养推介

推介，顾名思义就是推广介绍，是把特定的人或事物向人或组织介绍，希望被任用或接受。在介绍中推介，在推广中介绍，从而树立形象，提升美誉度。

当今社会，为了做到有效的推向市场，获得大家的认知、认同与认可，森林康养基地与从业者在提高自身服务质量与水平外，还需要实施有效的推介，通过线上与线下方式来配合推广，那怎样做好线上与线下推介呢？其中又有哪些注意事项呢？可以参考本单元内容进行训练。

模块一　森林康养推介的礼仪

森林康养属于服务业中的一种新兴活动，包括森林休闲与旅游观光、森林运动、拓展与培训、森林体验与自然教育、亚健康调理、旅居养老、慢性病康复等。依据不同的服务内容（图6-1），可以有的放矢的开展森林康养推介，服务于森林康养理念的普及与基地的推介。

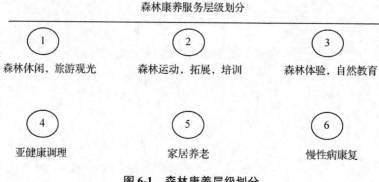

图6-1　森林康养层级划分

一、森林康养推介的着装礼仪

得体的着装与服饰在推介活动中，既能展现良好的企业形象或个人形象，同时也是对交往对象表示尊重和友好的行为规范。

（1）基本礼仪

①不能过分杂乱；②不能不按照常规着装；③不可过分鲜艳；④不能过分暴露；⑤不能穿透视装；⑥不能穿过分紧身的服装。

（2）女性着装

①应着职业套装（含裙装）、不穿黑色皮裙；不穿无领、无袖、领口较低或太紧身的衣服；

②正式高级场合不光腿、不穿贴近肉色的袜子、不穿黑色或镂花的丝袜；袜子不可以有破损，应带备用袜子、袜子长度避免出现三节腿；

③不穿过高、过细的鞋跟；不穿前露脚趾后露脚跟的凉鞋，穿正装凉鞋；

④佩戴饰品要符合身份，以少为宜；不戴展示财力的珠宝首饰；不戴展示性别魅力的饰品；同质同色；戒指数量不超过两件。

（3）发型发式与化妆

发型发式要时尚得体，美观大方、符合身份。发卡式样庄重大方，以少为宜。化妆要求化淡妆，保持清新自然，力求妆成有却无；化妆要美化，不能化另类；化妆应避人，不要在公共场合化妆（图6-2）。

图6-2　礼仪是成功的进阶

二、森林康养推介的沟通礼仪

"一人之辩重于九鼎之宝，三寸之舌强于百万之师"（《战国策·东周》），通过沟通，人们可以交流信息、深化思想、深化森林康养理念、增强人们对森林康养的认知、认同和参与森林康养。

（一）沟通原则

1. 真诚坦率

认真对待沟通的主题，做到坦诚相见，直抒胸臆，明明白白地表达自己的观点和意见。"出自肺腑的语言才能触动别人的心弦"，只有用自己的真情才有助于激起对方的感情共鸣，交谈才能取得满意的成果。

2. 互相尊重

沟通是双方思想、感情的交流，是双向的活动。不要妄尊自大，忽略对方的存在，尽量使用礼貌用语，谈到自己要谦虚，谈到对方要尊重。恰当使用敬语和自谦的语言，可以展示个人修养、风度和礼貌，有助于沟通的成功。

（二）沟通方式

交谈时要牢记"停、看、听"的谈话规则。

①停，是指如果没有想好，没有准备好就不要表达；

②看，是指要听其言观其行，留心观察沟通的环境，沟通对象的肢体表达、面部表情；

③听，是指要认真地倾听对方表达。在与人沟通中，尤其"倾听"最为重要，因为每个人对于自己的事情感兴趣，而仔细、且富有共鸣的倾听最受欢迎。要主动交流，面带微笑。音量适中，语调平和。善用敬语，如"请""您好""谢谢""对不起""再见"等。

（三）善用肢体语言

适当的肢体语言有利于沟通（图6-3）。当我们碰到对方在谈话中手势表达较丰富，这时若你感受到一见如故，不妨也酌情使用类似的肢体动作，同时以"感性言词"作为沟通的切入点，例如，我们可以说："是的，我和你有一样的感觉，我觉得……"。如果对方肢体语言较少，而且讲话"斩钉截铁"，做事讲求效率，那么，我们不妨以"肯定言词"作为沟通的切入点，例如，我们可以说："对，针对这事，我有两点建议，一是……二是……"。总之，当对方感觉到和我们"频率"相近时，通常会很自然地敞开心扉和我们相处。

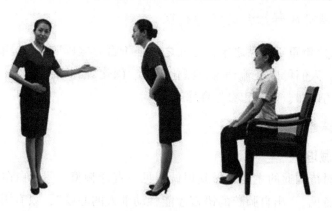

图6-3　迎送姿态

三、森林康养推介之电话礼仪

（一）基本礼仪

1. 重要的第一声

对方在电话沟通的第一声就能听到亲切、优美的话语，心里通常会很愉快的，这也为接下来的交流打下良好的基础，在电话沟通时只要稍微注意一下自己的语言表达，就会给对方留下完全不同的印象。例如，同样是说："你好，这里是××公司"，声音清晰、悦耳、吐字清脆者，会给对方留下好的印象，对方对其所在单位也会有好的印象。

需要注意的情况，电话沟通时，你所代表的是企业形象、信息，而不仅是个人的表现。

2. 保持良好心情

打电话时要保持良好的心情（图6-4、图6-5），这样即使对方看不见你，也会被欢快的语调所感染，给对方留下极佳的印象，由于面部表情会影响声音的变化，所以即使在电话中，也要本着"面对面"的心态去应对。

图 6-4　你的喜悦可传递　　　　图 6-5　你的愤怒可传染

3. 声音清晰明朗

打电话过程中避免吸烟、喝茶、吃零食，因为太随意的应对，即使是懒散的姿势不被看到，但也能够被对方"听"出来的。如果你打电话的时候，弯着腰躺在椅子上，对方听你的声音就是懒散、无精打采的，无形中会给交流方造成不好的印象和拒绝交流下去的意愿。若坐姿端正，所发出的声音通常会亲切悦耳，充满活力。因此，打电话时，要保证声音清晰明朗，应尽可能注意自己的态度和姿势。

（二）注意事项

①听到电话铃响，一定要调整情绪平稳后再接电话（图6-6）。

②尽量迅速确认对方的身份，否则会极大的浪费时间，降低沟通的效率。

③若是代听电话，一定要主动问对方是否需要留言。

图 6-6　保持情绪平稳

④接听让人久等的电话，要向来电者致歉；

⑤若电话来时正和来客交谈，应该告诉来电者有客人在，待会给他回电；工作时重要朋友来电，应简明扼要的迅速结束电话；接到投诉电话，应避免与对方争吵。

四、森林康养推介的握手礼仪

(一)握手姿势

握手时要注意调整自己的姿势，姿势得当会使对方感受到你的热情，反之则会让对方有被冷落感。握手时，要向对方点头，表示对对方的尊重，或用力摇晃几下，以示热情，用力也要适当，以紧而不捏疼对方的七分度为宜，握得太轻或不握住对方的手掌(而是几个手指和对方的手碰一下)，是一种失礼行为，纯礼节意义上的握手姿势：伸出右手，稍用力握住对方的手掌，双目注视对方，面带微笑，上身略微前倾，头微低。

(二)握手时间

握手时间应适度，一般控制在 3～5s 之内。男士与女士握手的时间要稍短一些，用力要轻一些，避免把女士的手捏疼，有的女士不喜欢握手礼，男士可以用点头致意来代替。握手时目光专注表示礼貌，避免左顾右盼，心不在焉，也不应该目光下垂，那样显得拘谨。落落大方地与他人握手会给你的交际形象增辉。如遇见老朋友，因双方特别亲热，握手时间可长一些，这时不仅右手相握，还可用左手握住对方的右手背，双手紧握对方，更是一种亲切友好的良好表达。

(三)注意事项

1. 握手小细节

握手前男士应脱下手套，摘下帽子，女士的戒指如果戴在手套外边，可以不脱下手套，否则也应脱下手套与人握手，按国际惯例，军人可以戴手套与人握手，也不必脱去军帽，最为标准的做法是先行军礼再握手。

2. 不宜左手与人握手

除非右手有不适之处，绝不能用左手与他人握手。

3. 不宜戴墨镜与人握手

只有女士在交际场合戴着薄纱手套等情况时例外。

4. 握手前注意时机

要审时度势，听其言观其行，留意握手信号，选择恰当时机，尽量避免伸手过早，造成对方慌乱，也避免多次伸手相握。

5. 注意手部清洁

要保证手部清洁，有时需要注意如自己患病时。

6. 握手时注意优先原则（图6-7）

①注意手位；

②长者优先；

③女士优先；

④握手要热情；

⑤职位高者优先；

⑥握手必须用右手；

⑦握手要注意力度；

⑧握手应注意时间。

图 6-7　握手的礼仪

模块二　线上推介森林康养实操

线上推介主要是指利用第三方载体进行推介，按施与受众面划分，可以分为一对一、单对多，例如，网站建设、电话、QQ与微信等进行的推介活动，除此之外，线上推介还包括博客推介、论坛推介、搜索引擎推介等。

一、网络沟通实操

（一）网站构建的作用

建设森林康养基地网站适应了当前社会发展的需要，建设森林康养基地网站具有以下作用和意义：

①网站具有开拓森林康养基地的平台、提升基地价值、拓展基地的外延的作用（图6-8）。

②不管是普通来访者、消费者，还是生产经营活动价值链上

图 6-8　网络沟通示意

的各个环节，网站能够提供互动、亲切的"客户关系管理"。

③网站是实现森林康养知识普及、理念传播、线上推介的根据地。

通过有效的网络推介活动，可以使森林康养基地实现上述期望，较传统途径和方法能够更为快捷的实现深化传播的目的。

(二)网站推介的衡量标准

森林康养基地网站推广效果的衡量标准：网站访问量稳步上升、会员注册数增加、企业知名度与美誉度同步提升、网站点击率与会员的忠诚度等。

(三)网站推介的操作

网站推介是单向度的，创建森林康养基地的网站可以通过第三方，但维护与运营则必须依靠自己，以下推介方式可供参考。

①将网址印在员工制服上，使客户能够看到你网址的流动广告。

②将网址放在你的黄页广告中，这是人们每天都看的地方。

③确保网址印在送产品的轿车、卡车侧面或醒目的地方。

④将网址印在产品目录每一页的底部，以便客户能够方便地进入你的网站。

⑤通过与其他网站合作，提供友情链接推广自己的网站，还可以与搜索引擎合作，扩大自身推介的广度与深度(图6-9)。

中国网3月21日讯，不同于许多游人如织的"热闹"景区，湖南省邵阳市绥宁县黄桑依托得天独厚的森林资源，配备相应的养生休闲、健康服务设施，让来到这里的人们不仅能欣赏到和谐静美的森林景观，呼吸沁人心脾的空气，享用健康安全的森林食品，感受内涵浓郁的生态文化，还能在休憩度假中修养身心、调试机能、延缓衰老……

图6-9　新闻方式的网络推介能起到更大的效应

传统式的线下推介是被动式推广，而主动式线下推介更有利于深入地与受众之间产生互动。

二、电话推介实操

(一)电话推介的作用

①电话推介可以帮助森林康养基地树立良好的公关形象，更有效的利用资源，降低推介成本，提高推介效率，从而获取更多的利润(图6-10)。

②电话推介可以帮森林康养基地快速建立人脉，并与客户建立长期的信任关系，节省时间，在最短时间内有效地接触到最大范围的目标客户。

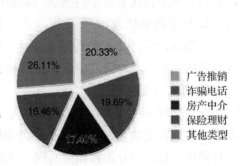

图6-10　当前电话推介的构成

③电话推介可以帮森林康养基地塑造公司品牌影响与价值，收集外部信息，能清楚地把握客户的需求，了解行业动态。

④电话推介可以为森林康养基地提供快捷的客户服务，提高内部沟通管理，助推森林康养基地与国际化接轨(图6-11)。

图6-11　电话推介运用新手段

（二）电话推介的操作

电话推介森林康养当然离不开电话、手机等，但更重要的是，推介人在推介前要对森林康养有更多的认知，了解什么是森林康养，森林康养与一般康养有什么不同，森林康养有什么好处，如何开展森林康养，同时还要对自己的康养基地情况有更多的熟悉，从积极方面引导客户。

1. 处于亲和状态

微笑地说话，是亲和的基本表达，声音会传递出你在交流时的感觉，要让自己的的话语在客户耳中变得有亲和力，让每一个电话都保持最佳的质感。

2. 语音与语速

电话交流中，存在着"磁场"，一旦交流双方磁场吻合，谈起话来就顺畅多了。建议在交谈之初，采取适中的语音与语速，在辨出对方的特质后，再进行调整，让客户觉得你和他是同一类型的人。

3. 判断对方形象

判别通话者的形象可增进彼此互动，从对方的语调中，可以简单判别通话者的形象，通常情况下，讲话速度快者是视觉型的人，说话速度中等者是听觉型，而讲话慢者是感觉型的人。

4. 表明不会占用太多时间

尊重交谈者，并让其有时间上的安排。

5. 语气、语调要协调

好的开始是成功的一半，开场白可以让对方愿意和电话推介人多聊一聊，开场白通常是普通话发音，但是如果对方是以方言回答，电话推介人最好能转成方言和对方交流，这是一种拉近双方距离的方法。

例如，问客户问题，一方面可以拉长谈话时间，更重要的是了解客户真正的想法，帮助电话推介人做判断。如何想多了解对方的想法，不妨问"最近推出的新型康养保健服务和产品，请问您对其有什么看法？"等"最近的康养保健情况，请问您有什么看法？"诸如此类的开放式问句。或"请教您一个简单的问题""能不能请您多谈一谈，为何会有如此的想法？"等问题，鼓励客户继续说下去。

6. 善用暂停与保留

善用暂停的技巧，将可以让对方有受到尊重的感觉。当需要对方给确切时间、地点的时候，就可以使用暂停的技巧。例如，当你问对方"您喜欢上午还是下午？"说完就稍微暂停一下，让对方回答。

至于保留，则是不方便在电话中说明或者遇到难以回答的问题时所采用的方式，例如，当对方在电话中要求说明收费详情，电话推介人就可以告诉对方："这个问题我们见面谈时、当面计算给您听，比较清楚。"如此将问题保留到下一个机会，也是约访时的技巧。

7. 适时改变姿势或闭上眼睛

长时间保持相同姿势打电话是很辛苦的，如果能适时改变，则有可能带来另样的新感觉，并传递给对方，这时声音会因此变得有活力，效果也会变得更好，例如，有时不妨闭上眼睛讲话，使自己不受外在的环境影响而干扰答话内容。

8. 即时逆转

原则是顺着客户的话继续表达，但要注意要将客户引导至你的方向。例如，当客户说"我已经购买保健卡了"，不妨就顺着他的表达回应"我就是知道您保健意识强，才打这通电话。"当客户说："我是你们公司的客户"，电话推介人不妨接着说："我知道您是我们公司的客户，所以才打这个电话。"

9. 时刻尊重对方

为了让客户答应和你见面，在电话中强调"由您自己做决定""全由您自己判断"等语句，可以让客户感觉电话推介人是有修养的，进而提高约访几率。

"这个产品很特别，必须当面谈，才能让您充分了解……"在谈话中，多强调产品的特殊性，再加上"由您自己做决定"，让客户愿意将他宝贵的时间给你，切记千万不要说得太繁杂或使用太多专业术语，让客户失去见面的兴趣。

10. 二选一

二选一的选择方式能够帮助对方做选择，同时也加快对方与电话推介人见面的速度，如"早上或下午拜访""星期三或星期四见面""您来我们公司参观还是由我来拜访您"等问句，都是二选一的方式。

即将结束电话推介时，别忘了和对方说"感谢您给我保留的宝贵时间"，或者告诉对方"非常高兴认识您""非常高兴和您通电话"等良好的结束语，有助于为下一次开场做辅垫。

三、QQ 推介实操

（一）QQ 推介的作用

腾讯 QQ（简称"QQ"）是腾讯公司开发的一款基于 Internet 的即时通信

（IM）软件。作为当下中国最大的 IM 软件，通过 QQ 可以助推森林康养理念的推广与基地的建设。对于森林康养推介来说，QQ 具有以下的作用：

1. 较高的适用性

QQ 用户多，2017 年腾讯公司第三季度财报显示：QQ 月活用户数为 8.432 亿。森林康养推介人可以借助平台针对不同人群进行森林康养的理念的推广，知识的普及，在全社会形成生态文明共识，在康养需要的前提下，会选择森林康养。

2. 精准、有针对性

QQ 提供了一对一、单对多的交流或在有限范围内互动，这种交流方式可以让我们对用户进行更加精准和有针对性的推广介绍森林康养，甚至我们可以根据每个用户、每个用户群的不同特点进行一对一的沟通。这种便捷性，是其他沟通方式所不具备的。

3. 易操作，使用简单

作为好用、实用、大家都在用的一款软件，QQ 与其他推广方法的专业性和繁杂程度相比，QQ 推广真的非常简单。只要你会打字、会聊天，有森林康养意识与知识，有很强的事业心，那就能够成为一名 QQ 推介高手。

4. 高效率、零成本

QQ 号码申请分有偿和免费两种，人们一般选择免费的，这种近乎不需要花钱的支出，只要是在线，你就可以不断的拓展森林康养空间。

5. 持续性

QQ 推介第一步是先与用户建立好友关系，然后是与用户保持经常性联络，通过随时随地的联系，与用户进行长期、持续性的推广介绍与跟进式服务。

（二）QQ 推介的操作

QQ 推介实际上并不复杂与困难（图 6-12），只是很多人没有坚持去做，尽全力去做。

1. 软件捷径

借助 QQ、微信等拥有的海量信息，通过 QQ 云营销抓取网站现有客户 QQ 号码，在 QQ 空间进行转化（图 6-13）。

2. 适时陪伴

QQ 的最大功能之一，就是提供了即时互动的平台，让人可以随时随地，即时交流，没有互动的 QQ 别人会把你当成机器，有了互动，即便不是企业 QQ 或者营销 QQ，也可以依靠一个普通的 QQ 创出互动的无限空间。

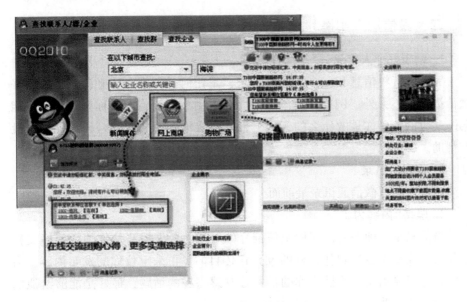

图 6-12 QQ 推介软件运用

图 6-13 QQ 推介软件操作

3. 推介利器

主要的方法是利用 QQ 云营销添加精准用户在 QQ 空间做间接转化，然后再筛选出有意向购买的用户，通过企业 QQ 进行引导来森林康养基地免费体验，最后在森林康养基地对学员直接宣传与推介，对于这种比较大金额和质量要求非常严格的行业来说，多几步推介，层层递进式推介的效果会更好。

四、微信推介实操

1. 编辑好个人信息

完善的资料信息和一个清晰的诉求，是任何一种推介的必备，要想做好微信推介也不另外。例如，让添加的朋友看到你的头像、名称和签名等，能第一反应的清楚你是做什么的，接下来才会看你发送的内容是否对他们有没有帮助。

2. 善用通讯录

出现在朋友微信通讯录最前面。

3. 坚持"内容为王"

微信只是一种平台，利用微信推介的时候，要先搞清楚你的微信好友喜欢什么，或是你想达到什么样的推介宣传目的，再来定位你的发布内容，当然内容一定要相关，并且是你的目标好友感兴趣的话题，最好是能够给他们带来一定的帮助。

4. 增加微信好友

微信拥有庞大的用户群，2017 年第三季度财报显示，微信月活用户为9.8 亿。微信推介就是通过人与人之间的病毒式传播，扩大推介效果，而微信好友数也就成为了推介效果验证的关键，查看微信好友人数可以在＜通讯录＞中最尾部可以看到好友总数。

①除了宣传自己的微信名片让别人主动加我们之外，也可以利 QQ 群按照特定群体进行分类的特点，通过 QQ 群来找到各个行业的人群，也可以通过查找好友找到相应地区或者年龄段的 QQ 并加为好友。

②将手机通讯录的人加为好友，可以将手机号码资源用 txt 或者 office 格式整理好（具体根据导入的软件来设置），就可以用豌豆荚或者 QQ 手机管家导入到手机通讯录上了。

③还可以把个人微信二维码（图 6-14）、微信号与传统媒体渠道相结合的方式宣传，如

图 6-14　微信扫一扫，推介不难

QQ 群、网站、微博、微视频、QQ 空间、电视等。

5. 对用户进行分组管理

为了更好的管理好友用户，利用个人微信去影响身边朋友，就一定要标记好每个用户名称。可通过备注格式采用行业或公司＋姓名方式备注。

6. 强化互动

强化联系与互动。经常给微信好友点赞或评论，将获得意想不到的效果。因为每个人都喜欢被赞美，被表扬，经常点赞或评论，可以让好友很快记住你。轻松达成交流——交心——交易！

7. 善用个人微信群发助手

微信订阅号每天可以发一条信息，服务号是一个月发一条信息。但是个人微信号可以不限制分享，还可以不限量每次群发200个人信息，这也是一种非常好用的信息传播工具。森林康养微信推介更多的针对特定的老顾客，切忌单纯地群发广告信息，更多的以感恩活动或者是节日祝福问候为佳！

8. 充分开发微信群的价值

微信群是变化的人与人关系，可以"被加入、可选择、随时退、随时进"，一个成功微信群要能达成共鸣；一般的用户建微信群是40人数，你可以建N个群和你的好友进行交流，如果想提高突破群友40人限制到150的秘笈，可以办理一个VIP或者服务套餐就可以轻松实现。注意前提条件是大家对这个话题感兴趣。

单纯的依靠微信推介是不够的，需要结合QQ空间、微信公众账号、手机网站或微官网、微博等移动端媒体，并多思考什么内容对用户有价值，你是否能不断给客户提供价值。

五、客户资料管理

按照"金字塔"模式，可以根据客户与自己发生联系的情况，将客户分成以下几种类型：

①超级客户　将现有客户（可定义为一年内与你有过交易的客户）按照提供给你的收入多少进行排名，最靠前的1%就是超级客户。

②大客户　在现有客户的排名中接下来的4%就是大客户。

③中客户　在现有客户的排名中再接下来的15%即是中客户。

④小客户　在现有客户的排名中剩下的80%就是小客户。

⑤非积极客户　是指那些虽然一年内还没有给你提供收入，但是他们在过去从你这里购买过产品或服务，他们可能是你未来的客户。

⑥潜在客户　是指那些虽然还没有购买你的产品或服务，但是已经和你有过初步接触的客户，例如，说向你征询并索要产品资料的客户（图6-15）。

图 6-15　互联网技术提升获得客户精准度

⑦疑虑者　是指那些你虽然有能力为他们提供产品或服务，但是他们还没有与你产生联系的个人或公司。

⑧其他　是指那些对你的产品或服务永远没有需求或愿望的个人或公司。

模块三　线下推介森林康养实操

线下推介是在互联网＋的新生态环境下，开展的一种推放活动，线下推介主要是指面对面进行语言沟通与交流以达到推介森林康养的目标。可分为教学推介，研讨会推介、对话交流与实景推介等。它更侧重于传统模式的而非网络模式的推广，注重实际生活沟通交流，它在传统营销中占很大比重。

成功的线下推介不仅能够提升人们对森林康养的关注，更是森林康养企业品牌的一种宣传方式。通过线下推介可以形成多种效应，在短的时期内聚集起用户群，实现进一步交流与接触，增大扩散性推介通路。

一、线下推介整体方案

1. 户外和车身广告

这是现在最常见也是效果最好的一种宣传手段。

2. 活动横幅和 T 恤

聚会是当下拓展朋友圈的好机会，可以认识很多当地的朋友。如果参加活动的朋友们都穿上独有的 T 恤，这就是现实活广告（图 6-16）。

图 6-16　聚会 T 恤亮人眼

3. 地方传媒与官媒宣传

要注意针对性，抓住用户心态。同时，还可以借助官方的支持进行宣传（图 6-17），用最少的钱达到最好的效果。

4. 商家联盟

这种效果影响很大，因为森林康养出现的时间不长，对于许多人，很多地方来说还是新鲜事物。商家联盟，可以达到"众人拾柴火焰高"的效果。在推介森林康养前期，可以采用双赢的模式打开市场。可以采用互推的模式给一些店家提供打折卡，或者在活动的时候和店家在横幅上打上合作网址等。

5. 活动宣传

活动宣传方式方法很多（图 6-18）。如做一些公益活动，做一些对于市场运行，对于社会发展来说有利的事情。让更多的朋友能够认识你、认识您的

湖 南 省 林 业 厅
湖南省发展和改革委员会 **文件**

湘林计〔2017〕12号

湖南省林业厅
湖南省发展和改革委员会
印发《湖南省森林康养发展规划
（2016-2025 年）》的通知

各市州人民政府，省直有关单位：
　　经报省人民政府同意，现将《湖南省森林康养发展规划（2016—2025 年）》印发给你们，请认真贯彻执行。

图 6-17　官方支持示例

公司和网站，接受和关注你。并确保在你发给新闻写作人员的新闻通讯中都包含你的信息。通过新闻宣传＋，你以及的森林康养基地都将在当地树立良好的口碑。

图 6-18　活动体验

6. DM 推广

向实体店铺发放宣传单，宣传单制作不能太差，一定要附上基地信息。可以以搞活动的名义，限定几天内免费登录或到基地体验等，相信会有收获的。

向小区发送宣传单，小区群体要以老中青年人为主，但也要关注小朋友，这些人都有可能成为你的客户或潜在客户，或成为前往基地的助推者。因此，要非常注意这种宣传单设计，要把你的优惠和特色产品凸显处理，让小区人第二天打开信箱一看就会有被吸引的感觉。

7. 促销品推广

将网址印在出租车、你送出去的杯子、T 恤、钥匙链等促销品上，它是每天提醒人们参观你网站的好方法（图 6-19）。

8. 手机供应商推广

当下手机的运用非常广泛，每天每人都在使用手机，因此可以与手机供应商合作，宣传单或宣传册同手机一并提供给购买或者批发手机的用户。

图 6-19 礼品赠送

9. 实体互利广告

联系若干有代表的实体店，不是 DM 推广，是与实体店合作，合作方式可以是你给他免费提供康养服务，你在他的实体店内的墙面张贴宣传广告或者其他广告形式。

10. 校园推广

目前大学生课余时间多，思想新潮，想创业的也不在少数，可以对市内的各大校园采用多种推广方法，可以张贴海报，宣传彩页(发放到网吧，寝室等)，免费发放书签(反面标注网址等信息)。

11. 赞助活动

不要认为赞助就一定要给钱的，你可以先了解一下本地最近有搞什么活动，免费大力度的为他们宣传一下，人们很可能会因为此事而关注你的网站。

12. 谈话交流推广

亲朋好友，同事等谈话时，牵扯的话题可以提及网站，或者以网站打比方等运用语言的力量宣传网站。

另外，制造话题型(如搞空中聚餐等)、强化品牌型(如某品牌在线下推介中，以顾客试用产品后，组织现场话剧表演形式成为众多帅男追求的互动事件等)。

二、线下推介方法

可根据森林康养产品的定位，在人流比较多的商场或者商城附近增设一个温馨的处所进行活动的推介，让更多的人参与进来，增加他们对产品的体验和互动交流，增强体验者的切身感受。

社区推介要根据产品的价位和档次，进行有选择得实施。例如，健康养生类的产品适合在老一点的小区进行，科技产品可以选择新小区，高科技的可以在高档小区进行(图6-20)。

图 6-20　以社区活动助推森林康养推介

赞助各种研讨会、演唱会、拉力赛或者球赛等，都是线下赞助推广的好方式，但是需要大量的资金支持的。活动举办过程中要请媒体进行第三方的报道，扩大影响力(图6-21)。

纸媒的推广，虽然现在是互联网的时代，纸媒的影响力大大降低了，但是受众基础还

图 6-21　以展销会形式推介森林康养

在，部分中年人和老年人还是喜欢纸媒的，所以纸媒不能放弃。

根据森林康养产品的特点，可以进行展会推广或者是建立免费的体验店，让更多的人来参与(最好是免费参与)，让参与者通过口碑传播给产品做"活广

告"，进而扩大品牌影响力。

三、地推实操

地推是通过踏踏实实的推介来获取用户的一种有效途径，是最接地气的方式。可以直接面对面的接触用户，用户与你的互动越多，越是容易被留住，但地推也存在成本高，交通复杂等困难。

(一)方向选择

选择不同的人群，不同的区域开展森林康养推介，效果完全不一样。因此，在推介森林康养时，要做推介森林康养的前期准备。如同样 10000 张宣传单，在一、二线城市可能是能够激起千层水花，但是在三四线城市却石沉大海。当然每个城市的效果也是不一样的，受当地的人文环境、经济情况、认知程度等影响(图 6-22)。有

图6-22　以名人为效应，扫码推介森林康养

些城市、有些人就普遍热情、好客，反之，比较排外，警惕性高。

(二)推前的准备

1. 产品准备

虽然森林康养基地建设不一定是最完美的，但是一定得满足基本需求，否则因为体验太差、流失就会太多。另外，网站的 SEO，尤其是品牌词的 SEO，要让用户能够容易找到，同时，产生美好的印象。

2. 物料准备

常用的物料包括广告宣传单页、鼠标垫、被子、扇子、杯子、指甲刀、活动奖品等。要将这些东西设计好、做好并提前邮寄到推广的地方。

3. 地方资源准备

要熟悉当地的情况，有几条街道、几个大型商场、几个广场等，每个地方的人群属性怎样？地推期间当地是否有其他的大型活动，并依此安排好工作的路线和策略。

了解当地地推组织，如果能够合作将会事半功倍，毕竟当地人有人脉优势。包括宣传车、腰鼓队、三轮车队、庆典公司、新闻媒体、网站论坛等。

了解当地的制度以及监管部门，如哪里可以刷墙体广告，哪里可以挂横幅，哪些事情需要审批后才能撒开手做。

4. 经费人员准备

每个公司应该本身也是有这个要求的，出去之前要做好财务、时间、人员以及其他配备资源的预算。此外不再详细介绍。

（三）地推操作

1. 发 DM 单

面向街道、商场、小区投放我们的广告宣传单页。如果有可能，就一定和对方多沟通，如问问对方的身体情况、康养需求，不能只是很机械地发一张宣传单。要想效果好，一定要每个存在潜在用户的地方会都覆盖到。

2. 装机扫码

在宣传时，会遇到对方身边正好有手机或电脑，就尽量要直接帮对方装上。例如，要开发一个软件，在不需要流量的情况下，可以将客户端直接传到对方的手机上。

3. 举办活动

活动类型是很多的，如教学活动（图6-23）、表演活动、游戏赛事活动等。活动要先预热宣传，一定要选好位置，这样聚拢的人才会多。活动要有爆点，如大奖、明星、特殊表演等。尤其是在小城市，一个有影响力的活动，很可能会是今后一段时间茶余饭后的谈话内容（图6-24）。

图 6-23　以教学活动形式推介森林康养

图 6-24 以宣传引导方式推介森林康养

(四)地推关注点

1. 数据

需要时刻关注数据，并做好记录，及时统计效果。如今天在哪里推广，发出去多少物料，收到多少关注，活跃度增加多少，峰值人数涨幅。

要及时将客户信息通过 QQ 群或者论坛聚拢起来，让用户置身于有归属感的圈子，同时，还要关注用户的反馈。

2. 身心准备

地推会遇到很多困难，需要地推负责人较强的执行能力和随机应变能力。常见的困难如天气影响无法执行活动，活动过程遭遇事故，推广因为外力被迫中断，必须迅速找到替代方案。如果你是团队负责人，团队的士气和执行力也是难点之一，尤其是在困难时刻。

3. 后续跟进

推广只为获取新用户，而留下新用户还需要好产品，如果要长期吸引用户，除了好产品还需要良好运营。

四、森林康养基地导游与推介

(一)森林康养基地导游与推介接待技巧

1. 接待儿童

重视儿童在基地的安全，对其在基地的生活给予相应的关照，例如，照顾来访者同行的儿童则会免除来访者的后顾之忧，对基地产生好感的第一印象，同时还要制定区别对待的标准，注意接待的细节：不宜突出儿童，冷落其他来访者，也不宜视儿童为负担。另外，要提醒来访者不要随意给儿童买食物和玩具，不要单独带儿童外出，不要随意给儿童服药，有问题应请医生及时诊治。

2. 接待老年来访者

老年人来访者是基地重点服务的对象（图6-25），他们来基地体验很可能将接受基地提供的各项服务，接待他们要有耐心。例如，结合他们的年龄特征，生理需要而放慢导游速度与推介语速。为预防不测事故的发生，要给每个老人放一张卡片，注明所住饭店名称，导游联系方式等，以便及时取得联系或获得帮助，同时对他们在来访途中与体验旅游中的健康予以关注，要劳逸结合，活动量不能太大，提供的饮食选择要少而精，食物清淡，同时在制定引导路线时要注意天气变化等。

图6-25　接待老年来访者实地体验与考察森林康养

3. 接待残障来访者

残障人也有森林康养的需要，要对残障来访者给予应有的帮助和尊重，提供相应的硬件支持，适时恰当的给予关心和照顾。同时，在基地建设与引导途中，要考虑车辆能方便轮椅上下，酒店、景观有无障碍设计等。

4. 接待考察来访者

考察一般分商务考察与公务考察。无论接待哪种考察，都要注意接待规格的适应，要提前做好接待计划与准备，确认好服务对象的身份、年龄、喜好、知识背景等，设计出个性化服务（图6-26）。

图 6-26　接待商务来访者实地体验与考察森林康养

5. 接待宗教来访者

要了解我国的宗教政策是自治、自养、自传。未经我国宗教团体邀请和允许，不得擅自在我国境内传经布道和散发宗教宣传品。同时做好做细准备工作：对其宗教教义、教规和生活习惯、禁忌要充分了解。需要安排教堂的，要把教堂的名称、位置、开放时间了解清楚；对信教的来访者要给予应有的尊重并满足其特殊需求，对其宗教与服饰不要作过多的评论。

6. 接待探险来访者

旅游探险者由具有冒险精神、有自主意识的人们组成的以征服自然、探索奥秘、实现自我价值为目的，森林康养基地由于背依森林，很有可能成为野外旅游者或团体来访的对象。对于这些来访者也要做好准备工作和安全预案，加大对基地的安全管理工作力度，加强安全保护措施。

（二）森林康养基地导游与推介实操

在来访者心中，森林康养基地的工作人员都应该是森林康养方面的专业人士，掌握丰富的知识，尤其熟知基地设施与景点等相关内容（图 6-27），来访者在森林康养基地体验式游览过程中之所以需要导游，就是希望能通过导游的讲解，更好的了解森林康养及基地情况，有句俗话"风景美不美，全靠导游一张嘴"，反映出导游对来访者影响与感受。如果森林康养基地能够适时借机推介森林康养，其产生的效果将是事半功倍的，一名成功的导游能够针对不同来访者的需求特点，灵活运用各种导游讲解技巧，让整个体验式旅游活动进行地轻松愉快，让来访者获得更多满意感与认同感。

图 6-27　实地体验与考察有助于推介森林康养

1. 简单概述法

是指用直截了当的语言，简明扼要地介绍森林康养基地参观点概况的讲解方法。适合前往景点的途中或在景点的入口处的示意图前讲解使用。

2. 分段讲解法

是指将一处大的景点分为前后衔接的若干部分进行讲解的方法。适用于较大的景点的讲解。在此之前一般先要用简单概述法介绍景点，然后到现场顺次游览，达到见树先见林的效果。需要注意的情况，在讲解一景区时不要过多的涉及下一景区的景物，在快结束这一景区的游览时可适当地提及下一个景区，目的是引起来访者对下一个景区的兴趣，使讲解环环相扣（图 6-28）。

3. 突出重点法

是指导游员在导游讲解时要避免面面俱到，而是突出某一方面的讲解。一处景点，需要讲解的内容很多，根据时空条件和讲解对象的差别，导游员应做到有的放矢，详略得当，重点突出。

①突出代表性的景观；

②突出与众不同之处；

③突出来访者感兴趣的内容，投其所好的讲解方法通常能产生良好的导游效果。

④突出"××之最"的讲解方法突出了景点的地位和价值，能够给来访者留下深刻的印象，但要注意的是不能无中生有，张冠李戴。

图 6-28　实地体验与考察有助于推介森林康养

4. 触景生情法

是指借物生情、借题发挥的一种讲解方法。包含两层含义：一是导游不能就事论事的介绍景物，而要借题发挥，利用所见景物使客人产生联想，多用于沿途导游中。二是导游讲解的内容要与所见景物和谐统一，时期情景交融，景中有情，情中有景。

5. 虚实结合法

是指在讲解过程中将典故、传说与景物介绍有机结合，合理编织故事情节的导游方法。这种方法多在名胜古迹、名山大川、园林景观的导游讲解中运用。"实"就是实景、实物、史实、艺术价值等，"虚"就是与实景实物有关的民间传说、神话故事、轶闻趣事等。例如，游览武汉月湖畔的古琴台，如果只告诉客人这座琴台始于南北朝时期，已有1000多年的历史，会显得平淡枯燥，如果加上一段关于战国时期音乐家俞伯牙和钟子期在此"高山流水觅知音"的动人故事，讲解这座琴台就是为纪念二人的真诚友谊而建，这样就生动多了（图 6-29）。

6. 问答法

是指在讲解时向来访者提问题或启发他们提问题的导游讲解方法。这种方法可以活跃游览气氛，融洽导客之间的关系。主要有 3 种形式：

①自问自答　导游自己提出问题，并作适当的停顿，只是为了吸引来访者的注意，激起他们的兴趣，并不期待他们回答。

②客问我答　欢迎来访者提问题，认真对待来访者的问题。

③我问客答　导游要设计一些由来访者回答的问题，使来访者参与互动，

图 6-29 实地体验与考察有助于推介森林康养

问题要恰当，不能太难。无论来访者回答对错与否导游都应予以鼓励。

7. 制造悬念法

是指在讲解时提出令人感兴趣的话题，但故意引而不发，激起来访者急于知道答案的欲望，使其产生悬念的导游方法。俗称"吊胃口""卖关子"。

8. 类比法

是指以熟喻生，达到类比旁通的导游讲解方法。类比法分为同类相似类比和同类相异类比两种。

9. 画龙点睛法

是在一般讲述的基础上，用凝练的词句概括出所游览景点最精彩、最有特色之处的导游讲解方法。

10. 创新立意法

是指游将人们熟悉的景点给予新的解说的一种导游讲解方法。可以使来访者产生新鲜感、愉悦感。这种方法对导游的要求较高，需要导游在长期的实践中不断总结经验，才能很好运用产生积极的效果。

五、森林康养推介训练

1. 举行形象设计展示会

实训目的：掌握仪容、服饰、举止礼仪的基本知识，展现个人良好的职业形象。

实训时间：1 课时

实训步骤：

(1)学生分成若干小组，每组 5~6 人，根据不同组的具体情况设计不同的场合(如工作场合、正式场合、休闲场合)的仪容、仪表的服饰与穿戴搭配。

(2)每组进行角色分配并进行角色扮演,进行角色的化妆、演示服饰的穿戴与搭配,进行角色行为举止的演练,用手机拍摄记录整个过程,然后投影回放,学生自我评价,分析不合规范的地方。

(3)授课老师进行总结评介,重点评介各组存在的共性问题与个性问题。

(4)由全班评出"最佳"组。

2. 线上推介实训

实训目的:掌握手机电话沟通、QQ微信沟通的基本知识,从中体会推介的技巧,锻炼提高学生的团队协作意识和其他的综合能力。

实训时间:2课时

实训步骤:

(1)学生分成若干小组,每组2~4人,设组长1名。

(2)以小组为单位,根据不同组的具体情况设计不同的沟通场合(如工作场合、正式场合、休闲场合),并选择一种沟通形式。

(3)每组讨论设计故事情节,进行角色分配并进行角色扮演,进行角色的化妆、演示服饰的穿戴与搭配,进行角色行为举止的演练,用手机拍摄记录整个过程,然后投影回放,学生自我评价,分析不合规范的地方。

(4)演练结束后,请参与的同学谈谈角色感受;

(5)学生与老师共同点评,总结各环节的技巧等,并重点评介各组存在的共性问题与个性问题。

(6)由全班评出"最佳"组。

2. 线下推介实训

实训目的:掌握职场沟通、线下沟通推介的基本知识,从中体会活动的组织、推介的技巧,锻炼提高学生的团队协作意识和其他的综合能力。

实训时间:2课时

实训步骤:

(1)学生分成若干小组,每组4~6人,设组长1名。

(2)以小组为单位,根据不同组的具体情况设计不同的推介活动,展现不同的沟通场合(如工作场合、正式场合、休闲场合),并选择一种线下推介形式。

(3)每组讨论设计故事情节,进行角色分配并进行角色扮演,进行角色的化妆、演示服饰的穿戴与搭配,进行角色行为举止的演练,用手机拍摄记录整个过程，然后投影回放，学生自我评价，分析不合规范的地方。

(4)演练结束后，请参与的同学谈谈角色感受。

(5)学生与老师共同点评，总结各环节的技巧等，并重点评介各组存在的共性问题与个性问题。

参考文献

曹凑贵. 2009. 生态学基础[M]. 北京：高等教育出版社.

杜丽君. 2000. 森林自然疗养因子在疗养医学中的应用[J]. 中国疗养医学，9(4)：6-8.

杜士英. 2009. 视觉传达设计原理[M]. 上海：上海人民美术出版社.

潘国兴. 1992. 谈"森林浴"[J]. 华东森林经理，03：7-9.

樊富珉. 2005. 团体心理咨询[M]. 北京：高等教育出版社.

高慧，戴晶景，朱岚. 2013. 作业治疗对住院慢性精神分裂症患者的康复疗效分析[J]. 中国民康医学，3(2)：181-183. 郭清. 2015. 健康管理学[M]. 北京：人民卫生出版社.

黄惠惠. 2006. 团体辅导工作概论[M]. 成都：四川大学出版社.

黄晓琳. 2013. 康复医学[M]. 北京：人民卫生出版社.

金盛华. 2005. 社会心理学[M]. 北京：高等教育出版社.

雷巍娥. 2016. 森林康养概论[M]. 北京：中国林业出版社.

李建铁，刘忠生. 2013. 简明心理健康教育教程[M]. 长沙：国防科技大学出版社.

李乐之，路潜. 2012. 外科护理学[M]. 5版. 北京：人民卫生出版社.

李卿. 2013. 森林医生[M]. 王小平，等译. 北京：科学出版社.

李一杰，张孟，何敏. 2013. 急救护理[M]. 武汉：华中科技大学出版社.

李影. 2014. 时尚减压沐浴：爱上森林浴[J]. 中国林业产业，10：63-65.

刘艳. 1993. 森林对人体健康的影响[J]. 国外林业，23(3)：22-24.

(美)Tausig. 2007. 社会角色与心理健康[M]. 合肥：中国科学技术大学出版社.

(美)伯林特，2006. 环境美学[M]. 长沙：湖南科学技术出版社.

(美)霍尔姆斯·罗尔斯顿Ⅲ(Holmes Rolsto nⅢ). 2000 哲学走向荒野[M]. 长春：吉林人民出版社.

牟少华. 2013. 森林生态浴的养生保健价值[J]. 前进论坛，(03)：267-270.

南海龙，刘立军，王小平，等. 2016. 森林疗养漫谈[M]. 北京：中国林业出版社.

秦晓利. 2006. 生态心理学[M]. 上海：上海教育出版社.

谭进. 2014. 急危重症护理学[M]. 2版. 北京：人民卫生出版社.

王国付. 2015. 森林浴的医学实验[J]. 森林与人类，09：182-183.

王慧珍. 2014. 急危重症护理学[M]. 3版. 北京：人民卫生出版社.

王培玉. 2012. 健康管理学[M]. 北京：北京大学医学出版社.

文学禹，李建铁. 2016. 大学生生态文明教育教程[M]. 北京：中国林业出版社.

吴建平. 2011. 生态自我[M]. 北京：中央编译出版社.

小暄. 2012. 森林浴对人体益处多[J]. 林业与生态，07(1)：40 – 42.

熊云新，叶国英. 2015. 外科护理学[M]. 3 版. 北京：人民卫生出版社.

薛芳芸，许馨. 2003.《东坡养生集》中饮食养生观探析[J]. 时珍国医国药，24(3)：704 – 706.

燕秩斌. 2013. 物理治疗学[M]. 北京：人民卫生出版社.

易诚，宾冬梅，姜小文，等. 2002. 森林食品资源的开发利用[J]. 林业科技开发，16(6)：10.

(英) 科罗. 2010. 视觉符号[M]. 沈阳：辽宁科学技术出版社.

张岩松，唐长青. 2013. 人际沟通与社交礼仪[M]. 北京：清华大学出版社.

张燕丽，王丹. 2016. 森林疗养对人类健康影响的研究进展[J]. 河北林业科技，(3)：86 – 90.

赵江洪. 2004. 设计心理学[M]. 北京：北京理工大学出版社.

周彩贤，马红，南海龙. 2016. 推进森林疗养的研究与探索[J]. 科技园地，(7)：48 – 50.

朱建军. 2009. 生态环境心理研究[M]. 北京：中央编译出版社.

Yamada R，Yanoma S，Akaike M，*et al*. 2006. Water-generated negative air i-ons activate NK cell and inhibit carcinogenesis in mice[J]. CancerLett，239(2)：190 – 7.